IG‧Twitter人氣創作者

莫內廚房 著

monet_kitchen

竹科宅男 的 週末食堂

精選100道吃得健康、回歸食材原味的異國料理及餐酒推薦

目錄
contents

Chapter 02 | 富裕北義

Chapter 03｜特別專輯：
那些牛肉的事，
還有怎麼煎出美味牛排

Chapter 04｜法 國 鄉 村

Chapter 05 ｜特別專輯：
節日套餐規劃

Chapter 06 | 酸菜歐洲

Chapter 07 | 豔陽地中海

Chapter 08 │結尾精靈：甜 點

\ 來吧！/
週末來煮一道好吃又有趣的異國料理

平日上班通勤、加班，累得像條狗，週末宅在家，不妨來煮一道好吃又有趣的異國料理吧！

了解各國料理好像出國旅遊一樣，不但是有趣的體驗，而且越理解當地文化，再看料理就越覺得有趣。各國料理都有其歷史、地理、乃至人文的背景因素，看似不合理的調味、詭異的口感，會在當地流傳甚至普遍食用，或許正是該國之所以特別的關鍵因素。阿拉伯俗諺說：「一起吃過飯的就是朋友」，你能同理別人的飲食，就能坐下來共餐，那就是朋友啦！

在開始之前，我知道很多人會對我有一些好奇或疑問，這裡精選幾個時常在網路上被問到的問題：

Q 你一個男生為什麼會煮？

A 我的祖母是做便當的專業廚師，從小就在她的廚房觀摩、玩樂長大，並沒有特地學怎麼煮飯，但就是會煮，後來參加童軍露營、大學外宿、留學，下廚一直是生活上的樂趣。

Q 做異國料理會很難嗎？如何開始？

A 台灣屬於海島型國家，飲食習慣深受外來影響，現在天天吃的餐點幾乎都是「異國料理」，若你還會感到異國風味，那是因為還沒在地化而已。料理的種類很多，先從你喜歡的開始，這樣才有動力完成它，而且一定有你做得來的料理。

Q 你是怎麼找到食譜的？在烹調時，曾遇過什麼困難嗎？

A 只要有在煮、有上網查東西，自然就會接觸到許多料理，尤其網路最會自動推播誘人的料理。此外，走進超市或菜市場，盡是豐富的食材，會觸發自己一些做菜的點子。

做料理最耗費心思的往往是食材，有時必須上網到處找、到處問。之前曾因為想在週末煮一道菜，週五下班後跑了好幾家超市與賣場，發現想要的食材正好缺貨，於是黯然作罷。至於料理的過程，只要慢慢做都沒問題，比較困難的通常是法國跟日本料理，作法太過精密跟細緻，是無法興致一來就能即時煮的。因此，本書所提供的食譜，法國菜著重在「法國鄉村」，日本菜則是「日本街頭」，避開偶爾開伙煮食的人不宜的宮廷跟貴族料理。

（Q）平常吃飯時，都會準備的如此豐盛嗎？

（A）平日上班忙碌，都隨便吃，自炊外食都有，當然希望吃得健康，調味少一點，盡量原型食物，盡量在地新鮮食材。真正能照自己意思吃也只有週末了，泡在廚房是很舒壓的活動，可以忘掉工作上的煩惱，轉換心情，讓思緒不要一直掛在工作上的難題，等週一上班時又是一尾活龍。

想要製作好吃的餐點，順手的器具必須先要有。以下就兩人份為例，不論是單身一人，或是兩人同居生活，都是很好的配備。

▌基本廚具【使用頻率：每週都會用】

不沾鍋平底鍋

直徑24cm~28cm的平底鍋最方便好用，不論煎魚、煎肉、煎蛋、炒青菜，各種中西式料理都適用。

要注意的是：① 需搭配適合的炒鏟，不要刮傷鍋子的塗層。② 每年都要汰舊換新，看到鍋面出現刮痕時，請勇敢丟棄。

炒鏟

挑選可以搭配不沾鍋的。可以的話，請挑選鏟面前緣薄一點的，需要翻面食材的場合得心應手。

砧板　一般平價砧板即可，最好每年更換。

菜刀

一般不鏽鋼菜刀即可。如果不知道如何挑選，可挑選照片中的「三德刀」，三德是日文，意指可以切菜、切肉、切魚，是萬用的家庭廚刀。

量匙

一套四到六件大小不同的湯匙，方便舀起一小匙、半大匙、一大匙這些分量。

量杯　有刻度的杯子，最基本的是大約 500ml 的容量。

電子鍋

這是為了煮出香噴噴的飯使用，用來蒸煮根莖類（如馬鈴薯、南瓜）也非常方便。

廚具的保養

台灣較潮溼，木製品如砧板、菜刀或鍋具的木質握把使用後請擦乾，並晾乾，避免潮濕發霉長菌。刀具至少每半年磨一次。不沾鍋、砧板要當做消耗品，需每年汰換。

▌「如果有，也很不錯」的廚具介紹 【使用頻率：每個月都會用】

平底鍋的鍋蓋

買平底鍋時，不見得有附鍋蓋，但可獨立購買。在燉煮、燜煮時會用到，請挑選可以看到鍋中狀況的玻璃材質，十分好用。

單柄湯鍋（含鍋蓋）

約20cm直徑、2.5L容量的湯鍋，用來煮麵條、燙青菜、汆燙肉品。

烤皿

請先以兩人份焗烤料理的烤皿為主（如照片中大約寬20× 深15× 高4cm），其他尺寸有用到再買就好。

料理用的磅秤　最多可量一公斤的磅秤即可。

手持電動攪拌棒

將食物打泥時使用，在法式、北義料理常會用到。

半盤尺寸的烤箱

除了能完美解決烘烤類的料理，有些料理只要稍微烤一下就能增添香氣。可挑選標準半盤尺寸（可以放長49× 寬39× 高20 cm烤盤），不論烘焙、做菜、烤吐司都很萬用。

烤盤　標準半盤的烤盤是一定要的，其他尺寸的有用到再買。

▌進階廚具介紹 【使用頻率：每季上場】

到了這個階段，你已經知道哪些廚具是否有需要，在此只講最重要的：

磨刀石

非常重要卻常被忽略的廚具，刀工直接影響美味，刀具的銳利度直接影響刀工。一般賣場都可以買到，挑選1000/3000研磨係數的雙面磨刀石即可。

雙耳湯鍋（含鍋蓋）

22cm~24cm直徑，容量3L~4L的湯鍋，煮高湯十分好用。或許你會覺得更大的湯鍋能應付更多場合，但體積與重量都是負擔，除非家裡人口稍多（例如4人以上），尺寸太大的很容易被打入冷宮。

在此分享自己常用的調味料，都是以基本為主，若有需求再添購即可。

油

使用最常見的沙拉油即可，市面上油品種類眾多，可採買有聽過的品牌，等之後常下廚，就會有自己偏愛的油品。

醬油

建議使用純豆釀造，在台灣超市裡，選擇眾多。基本型的醬油顏色較深較鹹，可先用此款醬油。之後再視料理需求增購「醬油膏」、「薄鹽」、「昆布」、「柚子」各種形式或衍生風味即可。

由左至右：油、醬油、米酒、醋。

米酒

純米酒或料理米酒皆可，一般使用未加鹽的米酒。有些米酒有加鹽，煮菜時放鹽巴要計入米酒已有的鹽量，生手較容易失誤。

醋

基本醋是米醋，等料理上有需要時，再視需要增購「烏醋」、「果醋」等其他形式的醋。

糖

以料理需求來說，可以挑選紅糖（俗稱二砂），風味較白糖（俗稱特砂）為佳。不過，若家裡已經有白糖了，那就繼續使用也行。

鹽

基本的台產碘鹽即可。

左 糖　右 鹽

本書的主題是異國料理，尋找食材將會是一項非常有趣的挑戰。以下區分只是通則，店家賣的東西也是看顧客，例如同一家連鎖店，開在天母的店跟開在漁港的店，貨架上的食材可能不同，如果要煮異國料理，天母的分店絕對會有較多你要的食材。

一般超市或大賣場

例如大潤發、愛買、全聯。基本上，義大利麵會用到的各種食材（麵條、麵醬、香草、黑橄欖、鯷魚、酸豆等）都可以買到，也因此，很多義大利料理或地中海料理所需的食材，在這裡就能買得到。

進口食材稍多的超市

如家樂福、Costco，會有稍多不一樣的食材，而且價格親民。家樂福會有常用到的法式食材（法國奶油、法國乳酪、法國酒、鴨胸肉、珍珠小洋蔥等）。而台灣 Costco 的食材，個人認為很有加州菜的風格，而加州菜大致算衍生自地中海料理，所以可以採買到相關食材。

進口食材豐富的超市

通常百貨公司的超市都具備這個條件，或 City'Super、Mia C'bon 等。銷售食材的範圍較廣，而且歐洲或日本較知名的食材都會有，是本書料理最重要的食材來源。

向專業食材商網購

罕見食材就要靠這種專業店家了，買不到所需食材時，用食材名稱上網搜尋，自然就會找到這類店家。

在本書中，提到食材來源時，會以「**一般超市或大賣場**」、「**進口食材稍多的超市**」、「**進口食材豐富的超市**」、「**向專業食材商網購**」這幾個關鍵字來說明，越後面的越費周章（價格較高，或需要網購），讓你簡單評估製作這道料理的可行性。

Chapter 01

日本街頭

你熟悉日本料理嗎？一定很熟吧？畢竟在台灣到處都吃得到壽司、親子丼、烏龍麵、炸豬排飯、日式涮涮鍋。可是，在台灣吃一頓日本料理的價格往往偏貴。若想要自己煮食，可能無法做出需要嚴格修煉或專業知識的料亭、壽司，幸好，還是有街頭庶民餐飲可以選擇，而且自己做還能非常好吃。

醬油

原則上，建議使用純豆釀造。首先需要的是「濃口」醬油，即濃郁型，即一般台灣標準醬油，若書中食譜沒有特別說明，就是使用這款醬油。較少用到但也不可或缺的是「薄口」醬油，通常是用在已經烹調完成的食物，例如淋在燙青菜上，或是當作蘸醬使用。

▶ ㊧ 風味清淡的醬油　㊨ 較鹹且容易幫食物上色的濃郁醬油

味醂

不僅常用在昆布柴魚高湯，也可以用在燉煮海鮮，有去腥、防止肉品在燉煮時散開的功用。一般超市常見的是台灣生產的味醂風味調味料（標籤上有味醂字樣），背面列的成分較為複雜，一定有糖，可用在家常料理。若是要製作風味細緻的料理，就必須使用「本味醂」了。本味醂只用米、米麴、酒釀造而成，成分中沒有糖，甜味是在釀造過程中產生的。在台灣能買到的本味醂大多是從日本進口，價格偏貴而且只有**進口食材豐富的超市**才有。

清酒（米酒）

在最基本的昆布柴魚高湯就會用得到，台灣也有生產清酒（酒精濃度約14%），十分好購入。如果想更簡單、更便宜，不妨使用最普遍的米酒（酒精濃度約20%），需挑選不含鹽的，分量以大約以2/3換算，例如，清酒一大匙換算為米酒2/3大匙。

糖

可用來調配醬汁，或在料理中適度加入。一般常見的二砂（棕色）即可，也可以使用特砂（白色）。若能買到日本的三溫糖更理想，這種糖的甜味較溫和，能與日式餐點的調味融和在一起。三溫糖可在**進口食材豐富的超市**買到。

米醋

調配醬汁時常用，使用台灣製作的即可，很容易買到。

其他：油、鹽

無特殊品牌，使用台灣製常用的沙拉油、鹽即可。

製作昆布高湯

昆布高湯是和風料理最基礎的風味，煮日本菜時，常會從熬煮昆布高湯開始。基本步驟是將水、昆布、醬油、味醂、米酒一起熬煮，滾開就熄火，再放入柴魚片，二分鐘後，移除昆布跟柴魚片。食材的比例看料理需求，本章的食譜會列出明細。

另一種更細緻的方式是，將昆布泡水冷藏一天，再用這個昆布水來料理，視料理需求會加入柴魚片、魚乾一起泡。風味比前述的熬煮高湯更為細膩，一般街頭庶民料理較少用到（實際範例請見 P.30「鯛魚飯」食譜）。

昆布的種類跟選擇

高湯常用的昆布有真昆布、羅臼昆布、日高昆布、利尻昆布等，不用死背，因為包裝上皆會有說明文字，在此教你一個重要的日文關鍵字：だし（漢字是「出汁」，意思是高湯），高湯用的昆布包裝上都會出現這個字，這類昆布煮過就丟棄。另一種「早煮」（此為地名）昆布是煮來吃的，比較耐煮，也較厚，口感好。通常規模較大的**一般超市或大賣場**會有高湯昆布的其中一種，加上早煮昆布。

㊧ 以熬高湯為主的「真昆布」
㊨ 以食用為主的「早煮昆布」

當然，有人會問是否可以不要那麼講究？可不可以交互使用？當然可以，但煮出來的料理，吃起來就是缺了一點味，高湯聞起來不香，可惜花了這麼多的功夫。

親 子 丼 　⦅佐⦆ 啤酒

親子丼應該是最容易煮的日式餐點，材料簡單、步驟也不困難，但是在台灣反而不容易吃到好吃的親子丼。食材好壞在簡單料理特別明顯，店家販售的價格拉不上去，因此食材的預算也不高，在雞肉、雞蛋品質普通的狀態下，只能煮到全熟甚至過柴。這道是只要買到好的食材，少數自己煮可以輕易贏過一般台灣店家的料理喔。

▌食材 （1 人份）

無骨雞腿肉 …… 1/2片	**昆布高湯：**	蔥花 …… 適量
蛋 …… 2顆	昆布 …… 約10cm×5cm	飯 …… 1.5碗
洋蔥 …… 1/2顆	柴魚片 …… 10g	
	醬油、味醂、米酒 …… 1大匙	
	糖 …… 1/2小匙	
	水 …… 80ml	

步驟

1 　**製作昆布高湯：**
在鍋中放冷水 80ml、醬油、味醂、米酒、糖、昆布，煮滾就熄火，放柴魚片，兩分鐘後移除昆布跟柴魚片。

2 　雞腿肉切丁（約 3cm），於平底鍋放油，將雞腿肉大火油煎至表面微焦，拿起備用。

3 　將平底鍋洗淨，放昆布高湯、雞腿肉、洋蔥丁，一起煮到「蔥軟肉熟」（約 20 分鐘）。
接著，2 顆蛋先打到碗裡攪勻再下鍋鋪在食材上，依喜好的熟度起鍋。

4 　於碗公盛飯，放入步驟 **3**，撒上蔥花即可。

Monet Murmur 中

吃這道料理時，我最建議搭配啤酒一起享用了！而且是日式冰啤酒。

若是能在步驟**2**，將雞腿肉改以火烤一下更好，可以增加風味。雞肉用去骨雞腿肉比較輕鬆，即使過熟也依然有彈性。

雞蛋的品質在這道料理非常重要！你在這道一定吃得出新鮮放牧雞蛋跟便宜籠飼雞蛋的差異。另外，視個人喜好調整蛋的熟度，品質好又新鮮的雞蛋可以吃生一點，焦香的雞肉配上滑嫩的蛋液，真是美味！

竹科小故事　　啞然失笑的親子丼

有陣子跟一位個性可愛呆萌的同仁一起支援日本客戶，第一次到東京出差時，客戶長官親切詢問來東京是否吃到什麼美食？同仁秒答：「親子丼！」，當下，在座的日本人全部愣住三秒，然後啞然失笑。

台灣的親子丼通常較為陽春，但在美食激戰區的東京，不論雞肉、蛋品、調味、火候（跟價格）都是高水準，第一次吃到真的很驚艷。

不過親子丼在日本是最平凡的料理，相當於台灣街頭的陽春麵。客戶長官大概覺得你會回答當紅的個性創意料理，或是歷史悠久的經典老店，怎麼也料想不到是親子丼。

劇情解說：對不起，真的不要跟竹科工程師談吃的。

溫泉蛋燒肉丼

市面上很受歡迎的燒肉丼其實很容易烹調，只要用家中最常見的平底鍋就可以了，並不需要烤爐、烤網。如果對燒肉有一定的掌握度後，再進一步挑戰溫泉蛋，劃開蛋流出來的亮黃蛋液配上焦脆甜鹹的燒肉，就是讚！

▋食材 （1 人份）

豬五花肉片（越薄越好）…… 200g
蛋 …… 1顆（室溫）
醬油、味醂、米酒 …… 1大匙
糖 …… 1/2大匙
七味粉、芝麻、蔥花 …… 適量
飯 …… 1.5碗

▋步驟

1 ▏製作溫泉蛋：▏準備一個鍋子，倒入 750ml 滾水及 240ml 室溫水，雞蛋不用打或剝殼，放入鍋中，蓋上鍋蓋燜 11 分鐘（夏天）／ 13 分鐘（冬天），將蛋取出，泡入冷水降溫。

2 平底鍋放油熱鍋，開中火，將豬五花肉片炒至半熟。放入醬油、味醂、米酒、糖，煮滾後轉中小火避免糖跟醬油焦黑，稍微翻炒至五花肉片邊緣微焦即可起鍋。

3 以碗公盛飯，放上燒肉，打蛋（步驟 **1** 的溫泉蛋），撒上適量七味粉、芝麻、蔥花即可。

Monet Murmur 中

糖跟醬油很容易煮到焦黑，翻炒時要注意時機，邊緣稍微焦黑就要趕快起鍋。

櫻桃鴨胸丼

鴨胸肉的油脂豐富，是少數不用熱鍋，從冷鍋就能開始煎的食材。只要掌握了煎鴨胸肉的技巧，就可以應用在許多料理上，如著名的法式橙汁鴨胸、法式櫻桃鴨胸、鴨肉蕎麥麵等。在這道料理中，鴨胸肉搭配和風高湯蛋液，非常美味！

食材 (1人份)

鴨胸肉 …… 1片（常見200g包裝）
蛋 …… 2顆

昆布高湯：
昆布 …… 約 10cm x 5cm
柴魚片 …… 10g
醬油、味醂、米酒 …… 1大匙
糖 …… 1/2小匙
水 …… 80ml

蔥絲 …… 適量
飯 …… 1.5碗

步驟

1　鴨胸肉撒上鹽、黑胡椒靜置 15 分鐘，擦乾；不用熱鍋，不用放油，皮面朝下，從冷鍋開始煎，小火 8 分鐘煎煮，接著翻到背面、側面煎煮共 8 分鐘；再翻過來以大火把皮面煎到微焦，靜置 20 分鐘；然後切片。

2　**製作昆布高湯：** 冷水 80ml、醬油、味醂、米酒、糖、昆布，煮滾，滾開後即熄火，放柴魚片，泡兩分鐘，移除昆布跟柴魚片。

3　平底鍋放昆布高湯、洋蔥丁，煮到洋蔥軟嫩（約 20 分鐘），放入步驟 **1** 切片後的邊角小塊煮 3 分鐘。先將 2 顆蛋打勻後再下鍋，依喜好的蛋液熟度起鍋。

4　於碗公盛飯，放上步驟 **3** 的高湯蛋液、切片的鴨肉、蔥絲即可。

Monet Murmur 中

鴨胸肉跟牛排一樣好煮、好吃，而且在地生產，相對便宜。鴨胸肉不用煮到全熟，烹調時，熟度抓在五分，軟嫩好吃。熟度該如何判斷？請用夾子捏一捏，仍有彈性即可（類似牛排，不過鴨肉稍硬一點），熟度夠了就可以起鍋。判斷熟度需要一點經驗，不過不用擔心，過熟就切薄一點，不熟的話，補煎即可。

味噌土魠丼

簡單的一餐，不用花費太多的時間，很快就能煮好！土魠魚在冬天油脂豐富，即使亂煮一通也不怕柴掉，是廚藝鴨蛋的救星，最重要的是：只要跟隨季節運用食材，大海就會賞賜美味給你！

▌食材 (1人份)

土魠魚 …… 1片（約150g）
米酒、味醂 …… 1/2大匙
糖 …… 1小匙
味噌 …… 1小匙
薑 …… 3片
飯 …… 1.5碗
甜豆 …… 8條
小番茄 …… 1顆
白芝麻 …… 適量

▌步驟

1 開火將平底鍋熱到鍋子完全燒乾、水氣都蒸發掉，倒入適量的油（約1大匙），放入土魠魚煎5分鐘，翻面煎5分鐘。

2 倒入米酒、味醂、糖、味噌、薑片，煮到收汁。

3 於碗公盛飯，淋一點步驟**2**的醬汁，放入燙過的甜豆、小番茄切成四份、放上土魠魚，再撒上白芝麻即可。

和風洋食醬汁三兄弟

伍斯特醬（Worcestershire sauce）：也可以稱為「英國黑醋」，味道酸，帶甜辣味，在台灣似乎不大出名，不過伍斯特醬稍濃一點的版本大家就很熟悉了，即一般市售的「大阪燒醬」，再更濃一點的版本，就是大家所熟知的炸豬排醬。

基本上只要有伍斯特醬，就能以此為基底來調配大阪燒醬與炸豬排醬。可使用太白粉增稠，加糖來增加甜味，加一點番茄醬會有新鮮的水果酸味。

在台灣或日本的超市其實沒有「大阪燒醬」這個商品，瓶身包裝上的名字是「中濃醬」（中濃ソース），如果你知道中濃醬的濃度在三兄弟裡排在中間，也就會懂這個名字的由來了。

在一般超市即可買到的兩種伍斯特醬。

山藥版大阪燒

大阪燒是一道自由度高的料理。若是家常版的，主要以麵糊、高麗菜、五花肉、蛋製成；高級版的就會放入海鮮，花枝跟蝦仁的口感最好。大阪燒的烹調邏輯是，用麵糊來凝聚各種切絲的食材，這個版本加入山藥，低熱量且黏性更好，很輕鬆就能煎出漂亮形狀；裝盤時，用優格醬取代美乃滋，健康又美味。

▌食材 (1人份)

餅料：
花枝 …… 1/4隻
蝦仁 …… 4隻
高麗菜 …… 1/8顆
蔥 …… 1根
山藥 …… 10cm
麵粉 …… 1大匙
五花肉片 …… 4片

蛋 …… 1顆
薑、酒 …… 適量

大阪燒醬：
番茄醬 …… 2大匙
糖 …… 1大匙
醬油 …… 1/2大匙
味醂 …… 1大匙
伍斯特醬 …… 1/2大匙

太白粉 …… 1小匙

優格醬：
優格 …… 2大匙
蜂蜜 …… 1大匙
黃芥末 …… 1/2小匙

其他：
海苔粉、柴魚片 …… 適量（視喜好，可省略）

▎步驟

1 餅料製作：
  花枝切丁與蝦仁一起放入加了薑、酒的水鍋煮
  熟，放涼後蝦仁切丁；高麗菜切絲，蔥切細，
  山藥刨絲，麵粉調 2 大匙的水；將以上食材拌
  在一起。

2 拿平底鍋，開中小火，熱油後，放餅料下去煎，
  用菜鏟把形狀壓扁（約 1.5cm 厚）、推圓，兩面
  都煎熟。

3 在餅料上鋪滿五花肉片，接著翻面煎到半熟；
  旁邊打一顆蛋，蛋黃稍微打碎，把餅料放上去，
  蛋快熟時再翻面，過程中持續把形狀修圓。

4 大阪燒醬製作：
  在另一鍋小火煮番茄醬、糖、醬油、味醂、伍
  斯特醬，煮滾後放入太白粉的粉水，攪勻增稠。

5 優格醬（取代美乃滋）製作：
  優格與蜂蜜的比例為 2:1，加少許黃芥末提味，
  混勻即可，裝到尖頭醬料瓶。

6 煎好的大阪燒裝盤，塗一層大阪燒醬，將優格
  醬擠成螺旋圖案，用筷子從圓周輕輕畫向圓心。

7 最後也可以撒上海苔粉、柴魚片，不過，如果
  有漂亮圖案的話，這樣會蓋掉圖案。

大阪燒的食材。

將餅料仔細拌勻。

用鍋鏟將大阪燒的形狀壓扁（約
1.5cm 厚）、推圓。

角章魚燒

食譜名稱是直接翻譯自日文的「カクたこ」，四角型的章魚燒。這道應該是最懶人的章魚燒煮法，不用特製的章魚燒鍋，只要玉子燒鍋就可以煮（使用圓形平底鍋也可以）。另外，章魚燒粉、醬汁可以買市售的，也可以自己調配，調配並不難，材料幾乎是家裡常見的。

▌食材 （1人份）

麵糊：
低筋麵粉 ······ 70g
太白粉 ······ 5g
蛋 ······ 1顆
醬油 ······ 1小匙
味醂 ······ 1小匙
水 ······ 100ml

內餡：
章魚 ······ 50g
高麗菜 ······ 30g
蔥花 ······ 1根
紅薑 ······ 適量
米酒 ······ 1大匙

大阪燒醬：
番茄醬 ······ 2大匙
糖 ······ 1大匙
醬油 ······ 1/2大匙
味醂 ······ 1大匙
伍斯特醬 ······ 1/2大匙
太白粉 ······ 1小匙

優格醬：
優格 ······ 2大匙
蜂蜜 ······ 1大匙
黃芥末 ······ 1/2小匙

其他：
海苔粉、柴魚片 ······ 適量

步驟

1 ┃ 麵糊製作：┃

於大碗公中放入低筋麵粉、太白粉、蛋、醬油、味醂，再倒入水 100ml，拌勻。

2 取湯鍋倒水煮滾，放章魚、米酒，待章魚煮熟後，切丁。

3 取玉子燒鍋，開中小火，薄薄抹一層油，倒入麵糊，煮到邊緣開始凝固，依序放入高麗菜絲、章魚、蔥花、紅薑，麵糊對折，偶爾翻面，煎至聞到麵皮微焦、有香味。

4 ┃ 大阪燒醬製作：┃

在另一鍋以小火煮番茄醬、糖、醬油、味醂、伍斯特醬，煮滾後放入太白粉的粉水，攪勻增稠。（製作方式參考 P.24「山藥版大阪燒」）

5 ┃ 優格醬（取代美乃滋）製作：┃

優格與蜂蜜的比例為 2:1，加入少許黃芥末提味，混勻即可。

6 將章魚燒裝盤後，淋上大阪燒醬、優格醬，撒上海苔粉、柴魚片即可。

角章魚燒的食材及鍋具。

麵糊半熟時，放入高麗菜絲、章魚、蔥花、紅薑。

煎到聞到麵皮微焦、有香味，即可起鍋。

炸豬排、鐵板里肌煮

不論在台灣還是日本，炸豬排都非常受歡迎，照著食譜一步一步做，製作上並不困難。油品的新鮮度是主導這道料理的重點，自家料理都是使用新鮮油品，先天上佔有很大的優勢，炸出來的成品可能好吃到連自己都嚇一跳。

▌食 材 （1人份）

豬里肌肉 …… 160g
麵粉 …… 2大匙
蛋 …… 2顆
麵包粉 …… 2大匙
葡萄籽油 …… 1杯
（視鍋子大小，油的高度要到豬排的一半以上。
也可使用其他適合油炸的油）

洋蔥 …… 1/4顆
昆布醬汁：
冷水 …… 40ml
昆布 …… 約10cm×5cm
醬油、味醂、米酒 …… 1大匙
糖 …… 1/2小匙
柴魚片 …… 5g

▎步驟

1 將里肌肉四周的筋切斷，薄裹一層麵粉，裹蛋液，裹麵包粉，靜置 15 分鐘。

2 昆布醬汁製作：

於鍋中放入冷水 40ml，倒入醬油、味醂、米酒、糖、昆布，將水煮滾，滾開後放入柴魚片就熄火，移除昆布跟柴魚。

豬排裹上麵粉、蛋液、麵包粉。

3 於小平底鍋倒葡萄籽油，深度約豬排一半即可。開中火，油溫達 150℃（放麵包粉周圍會起泡泡），將豬排下鍋，邊緣變色就翻面，轉中小火，筷子插的過去就起鍋。放在廚房紙巾上吸油，然後切厚片，日式炸豬排完成！

4 將洋蔥切成條狀，放入昆布醬汁煮到軟，接著放入步驟 **3** 的炸豬排，分兩次倒入蛋液，第二次稍微煮一下，讓蛋液半熟狀態，即可裝盤，鐵板里肌煮完成！

放在廚房紙巾上吸油。

炸豬排完成！

Monet Murmur 中

油炸東西最煩惱的是：「用過的油怎麼辦？」如果只炸少量，像是只炸了兩塊豬排，其實油還是可以拿來炒菜。如果想丟棄，不建議倒進廚房水槽，因為會污染環境，市面有售「油凝固劑」，與廢油攪勻後，冷掉會變成固體，可當一般垃圾丟棄。

鯛魚飯

這是日本節慶常見的料理，調味非常清淡（只有昆布水），連常用來去腥的米酒、味醂都沒使用，因此，魚一定要很新鮮才行。在台灣，過年時鯛魚也常出現在超市、大賣場，不過新鮮度大約是可油煎的等級，建議不妨到魚市場或傳統市場買最新鮮的。

▌食材 （2 人份）

鯛魚（嘉鱲）…… 1隻
昆布 …… 約 10cm x 20cm
米 …… 2量米杯
水 …… 2量米杯

▌步驟

1　昆布水製作：　將昆布放入水中泡一天。
2　將白米洗淨放入鑄鐵鍋中，泡昆布水半小時。
3　鯛魚先以熱鍋、少許油，煎一下表面，微焦即可拿起，以增添風味。
4　將鯛魚放在步驟 **2** 的白米上，大火煮滾，蓋上鍋蓋，轉小火煮 5 分鐘，熄火燜 15 分鐘。

Monet Murmur 中

享用時，將魚肉跟魚骨分開，剔除魚骨後，讓魚肉與飯拌一下。
步驟 **4** 是使用鑄鐵鍋或陶鍋的時間，此種鍋類的續熱能力較好。如果使用不沾鍋的話，大火煮滾後蓋上鍋蓋，轉小火煮 12 分鐘到米熟即可，可省略「燜」這個步驟。

竹莢魚一夜干

竹莢魚在台灣產量豐沛，而且新鮮又便宜。一夜干是輕度鹽漬加上一夜風乾，將風味濃縮跟活化，吃起來肉質更加細膩，既保有鮮魚的鮮嫩口感，又有風乾後的海洋鹹香味，是集眾多優點於一身的菜餚。一夜干的製作並不困難，一起來試試吧！

▌食材（7片小隻竹莢魚一夜干）

竹莢魚（小）……7隻
（數目以方便購買為主）
鹽 …… 105g
水 …… 1500ml

其他：
竹籤 …… 14 枝
麻繩 …… 1 卷

▌步驟

1 買小隻的竹莢魚，請老闆刮除魚鱗就好（一般店家不願意幫客人以剖背的方式殺魚，可參考步驟2）。

2 回家後從背面切開，去除內臟、腮、脊椎下的血管，在水龍頭下洗淨，浸泡鹽水一小時。

3 取出竹莢魚並擦乾，用竹籤將魚撐開，尾巴綁麻繩，在陽台吊掛一夜。

4 食用前可以烤或煎熟；若要保存，請冷藏或冷凍。

Monet Murmur 中

鹹魚乾的歷史悠久，為了保存漁獲，採用重度鹽漬、一週以上的風乾時間，盡量去除水分。完成後的鹹魚乾可室溫保存，不過吃的時候需泡水幾個小時，讓鹹味釋出淡化，料理的步驟較多，運用上的限制也比較多。

一夜干則是近年的發明（約1950年在日本），只有輕度鹽漬及一夜風乾，還保有很多水分，必須冷藏保存，是冷藏設備年代的產物。因為已經去除內臟、血管等腥味來源，冷藏可以存放幾個星期，冷凍則可以放數個月。

若要自己剖魚，建議買小隻一點的，骨頭比較軟，比較容易切開。小隻也正好一人份食用。

屏東石斑西京燒

西京燒是以西京味噌醃漬魚肉，然後煎或烤，味道甘甜，是日本京都的知名魚料理。標準的西京燒會用油脂多的黑鱈來製作，在日本料理店可以吃到大廚十分講究用料的極品料理，不過另一方面也可以善用當季新鮮漁獲，只要是白肉魚都適合，做出美味的家常料理。

▌食材 (1人份)

屏東石斑魚排 …… 1片（約120g）

醬汁：
味噌、味醂、酒 …… 1大匙
糖 …… 1小匙

蘿蔔泥、漬物 …… 適量

▌步驟

1 石斑魚排撒鹽靜置 10 分鐘後，用紙巾擦乾。

2 **醬汁製作：** 味噌、味醂、酒、糖混勻，比例鹹甜平衡即可，稠度跟西洋醬汁差不多（湯匙浸入拿起，匙背會沾附一層醬汁）。

3 魚片雙面抹醬汁，放密封袋冷藏隔夜至一天的時間。

4 取出魚片，擦掉醬汁，接著放進預熱 200℃的烤箱，烤約 10 分鐘。

5 裝盤時，請搭配蘿蔔泥，以及喜愛的漬物。

Monet Murmur 中 —————————————

西京味噌是一種較淡、較甜的白味噌，在台灣較少見，因為是進口的所以也較貴，因此就採用普通的味噌。

北海道湯咖哩

這是北海道的鄉土菜，原本是用大鍋子煮大塊雞肉跟咖哩，再放入家中所有的蔬菜，既鄉村、又樸素。後來，搖身一變，觀光客來到札幌品嘗優質美味的北海道時蔬，既時髦又文青。在這道料理放入的蔬菜，可以用烤或是汆燙的方式製作，無須過多調味，咖哩的微辣就可以提味。

▍食材（2人份）

帶骨雞腿 …… 2根
大蒜 …… 1顆
洋蔥 …… 1顆
紅蘿蔔 …… 1顆
蔥 …… 1根
高湯 …… 2杯（可用市售罐裝高湯）
微辣咖哩塊 …… 2塊
紅甜椒粉 …… 1小匙
（用來加深咖哩的色澤，可省略）

搭配的蔬菜：
茄子 …… 半條
玉米筍 …… 2根
綠、黃櫛瓜 …… 半條
南瓜 …… 1/4個
地瓜 …… 1/4個
綠花椰 …… 1/4個
菜豆 …… 1條
蛋 …… 1顆
〔以上蔬菜請隨意，選擇自己喜歡吃的、或當季新鮮的即可〕

▍步驟

1 **湯咖哩製作：** 帶骨雞腿油煎到表面微焦，拿起，在同一鍋加入拍扁的大蒜炒香、切條的洋蔥炒軟，再倒入高湯、紅蘿蔔、蔥白（蔥的白色部位）、帶骨雞腿，加入微辣咖哩、紅甜椒粉，煮滾後，轉小火煮20分鐘，即完成。

2 **蔬菜：** 請依你喜愛的方式烤或燙。烤的方式以烤箱預熱200℃，烤5~8分鐘（視蔬菜的大小），或是在蔬菜表面開始焦之前就取出。

烤蔬： 地瓜、南瓜、玉米筍、菜豆、綠櫛瓜、黃櫛瓜。

水煮： 茄子、蛋、綠花椰。

鴨肉蕎麥麵

鴨肉是屬於氣味較重的食材，因此會搭配橙皮來掩蓋，但現在養殖與冷藏技術發達，肉質鮮美，氣味不似以前濃厚，可以採用日式清淡方式料理，以昆布高湯跟鴨肉、蒜苗一起煮，帶出鮮美滋味。

▌食材（1人份）

鴨胸肉 ⋯⋯ 1塊（常見200g包裝）

湯底：
昆布 ⋯⋯ 約10cm×5cm
醬油、味醂、米酒 ⋯⋯ 1大匙
糖 ⋯⋯ 1/2小匙
柴魚片 ⋯⋯ 5g
蒜苗 ⋯⋯ 1根

蔥 ⋯⋯ 2根
蕎麥麵 ⋯⋯ 1人份（常見80~90g）

▌步驟

1 取平底鍋，不用放油，在冷鍋放鴨胸肉，皮面向下，煎3分鐘，翻面再煎3分鐘（可以去掉一些油，也比較好切片），接著取出切片。

2 湯底製作：冷水鍋放昆布、醬油、味醂、米酒、糖、蒜苗白色部分、鴨胸肉切下來的邊緣部分，待煮滾後熄火，放入柴魚片，2分鐘後撈起昆布跟柴魚片，開小火繼續熬煮。

3 切片的鴨胸肉再放回平底鍋煎到表面微焦（增加香味，藉此再去掉更多油），放回步驟2的湯鍋一起煮軟。

4 用同一個平底鍋煎蔥白，煎到部分表面微焦即可拿起。

5 蕎麥麵：取另一鍋放水煮滾，放蕎麥麵，煮的時間依照包裝上的指示，煮好後撈起，放冷水搓洗一下。

6 將步驟2的湯鍋熄火。裝碗，搭配煎過的蔥白、新鮮蒜苗。

橙汁蕎麥麵

天氣熱的時候，來一碗爽口又開胃的麵食！ 這道料理可以做成冰的或是微溫，就看當時的天氣與心情吧。湯頭以果汁跟果泥為主，加上少許醬油與昆布調和，這樣適合搭配蕎麥麵，風味充滿夏日和風。

食材 （2人份）

柳丁 …… 1顆
昆布 …… 約10cm×5cm
醬油 …… 1大匙
糖 …… 1/2小匙
水 …… 500ml
蘋果 …… 1/2顆
檸檬 …… 1/8顆
白蘿蔔 …… 100g（磨泥用）
蕎麥麵 …… 1人份（約80~90g）

步驟

1 將柳丁的皮薄薄地削下來，不要削到白色部分（會有苦味），將這些皮用果汁機打泥。

2 鍋中放昆布、醬油、水，煮滾後，取出昆布，放步驟 **1** 的柳丁皮泥、糖，微滾熄火。

3 柳丁果肉、蘋果果肉一起打泥，加入步驟 **2** 的湯鍋，完成湯汁！

4 蕎麥麵： 取另一鍋放水煮滾，放蕎麥麵，煮的時間依照包裝上的指示，煮好後撈起，放入冷水搓洗一下。

5 裝碗，倒入湯汁，擠一點檸檬汁，裝飾柳丁、檸檬、蘋果的果片，放入蘿蔔泥即可。

Monet Murmur 中

　湯頭是昆布高湯加果汁，通常會放的柴魚片我沒有放，以免太搶戲，破壞掉柳橙及蘋果的風味。

和風冷素麵

說到夏天的炎熱，日本很多地方一點也不會輸給台灣。這道是夏天的和風冷料理，非常細的冷麵條搭配各種當季食材跟不同口味的沾醬，再加入海苔、蔥花、薑泥增加風味，吃起來開心又開胃。

▌食材 （1人份）

乾香菇 …… 1朵
昆布 …… 約10cm×5cm
丁香魚乾 …… 10g
醬油 …… 2小匙
味醂 …… 1小匙
米酒 …… 1小匙
糖 …… 1/2小匙
柴魚片 …… 5g
蝦子 …… 2隻
白杏菜 …… 20g（或其他綠色葉菜）
薑 …… 10g（磨泥用）
蔥 …… 1支
生蛋 …… 1顆（只取蛋黃食用，如果不喜歡或不敢吃的人可以省略）
紀州梅子 …… 1顆
海苔 …… 1/2片
檸檬 …… 1顆
日式素麵 …… 1人份（約80~90g）

▌步驟

1 乾香菇泡一碗水，泡二小時。

2 沾醬（つゆ）：將步驟 **1** 的香菇水、香菇、昆布、丁香魚乾、醬油、味醂、米酒、糖，煮滾後熄火，移除昆布、丁香魚乾，放柴魚片，2分鐘後移除柴魚片。

3 配菜：蝦仁（燙熟）、白杏菜（水煮）、薑泥、蔥花、香菇（步驟 **2** 熬沾醬的拿來切片）、生蛋黃、紀州梅子泥、海苔（切絲）。

4 將日式素麵煮熟撈起，泡冰水搓洗一下，裝盤。撒上一點檸檬皮屑，請現煮現吃（因為稍放一下就會黏在一起）！

5 吃的時候，請將麵沾著醬料吃。

Monet Murmur 中

日式素麵在都會區一般超市或大賣場可買到，包裝上的日文漢字就是「素麵」。與台灣麵線的差異在於，素麵是原味，台灣麵線則是鹹的。料理時，沒有鹹味的日式素麵搭配自由度高，跟鹹麵線口味不大合的微甜沾醬、酸味的梅子泥，跟素麵搭配都很讚。

溫泉蛋烏龍麵

你喜歡吃什麼樣的烏龍麵呢？在網路上看到去日本四國旅行的影片，排隊名店往往非常低調，從老闆娘那邊領到一碗白淨的烏龍麵，自己淋上醬油跟蔥花，看得出店家對麵條有十足自信。在台灣很容易買到四國的烏龍麵（最知名的是讚岐），搭配上就保留樸素的樣貌即可。

▌食材（2人份）

讚岐烏龍麵生麵條 …… 1人份
（約150g）
醬油（濃口）…… 1/2大匙
蔥花 …… 1根
白蘿蔔 …… 100g（磨泥用）
檸檬 …… 1/8顆
蛋 …… 1顆
醬油（淡口味*）…… 1/2大匙
七味粉 …… 適量

*使用沾醬用途的醬油。

▌步驟

1　將烏龍麵煮熟，泡加了冰塊的開水搓洗一下，裝碗，淋一點濃口醬油，放蔥花、蘿蔔泥、一片檸檬。

2　 製作溫泉蛋： 準備一個鍋子，倒入 750ml 滾水及 240ml 室溫水，雞蛋不用打或剝殼，放入鍋中，蓋上鍋蓋燜 11 分鐘（夏天）/ 13 分鐘（冬天），將蛋取出，泡入冷水降溫。

3　將溫泉蛋打開放到碗裡，淋上薄口醬油，撒七味粉即可享用。

搭配溫泉蛋。

關於拉麵的麵條與高湯

拉麵的麵條

日式拉麵的製麵過程中有使用鹼水，成品
的特徵帶有黃色色澤、稍硬、有嚼勁。於
一般超市或大賣場皆可買到（如右圖，目
前所知僅此一家），雖然選擇不多但至少
是標準的日式拉麵，其他品牌只寫「拉
麵」的就不是。

日式拉麵帶有鹼味，因此不會使用該煮麵
水，麵條起鍋時請甩乾水分，搭配高湯就
能享用。

基本清高湯：雞高湯

`STEP01` 將帶骨雞肉（如雞小腿翅、雞骨架，較大的超市可能都有，請找找看）
汆燙。

`STEP02` 鍋中放入冷水、玉米、蔥白（蔥的白色部分）、洋蔥、蘋果、紅蘿蔔、
汆燙過的帶骨雞肉，大火煮滾後，轉中小火滾半小時後，靜置放隔夜
（如果是在夏天製作，建議要冷藏）。

`STEP03` 再一次煮滾 + 滾半小時，即完成高湯的製作。

高湯的食材組合很個人化，以上的組合偏清淡、蔬果、甜味，你也可以自己組
合，創造自己的口味。

這種高湯我稱為「萬用高湯」，可以多煮一些，然後分裝冷凍保存，煮歐式料
理時，也可以使用喔。

白湯型的高湯：豚骨高湯

這種高湯要以中大火持續滾豬大骨二到三小時，才能滾沸乳化。通常要煮一大
鍋比較划算，較不屬於小家庭、業餘廚師使用，我自己也沒煮過，吃店家煮的
就好。

白湯型的高湯：魚骨高湯

STEP01 將魚頭或魚骨汆燙（超市不會賣魚頭、魚骨，要自己買全魚取得）。

STEP02 鍋中放冷水、汆燙過的魚頭或魚骨，跟昆布、蔥、米酒一起煮滾，轉中小火熬煮30分鐘。

熬煮30分鐘即可，太久反而味道不佳。這種高湯可用來製做海鮮拉麵。隔餐會產生腥味，盡量當次用畢。

市售罐裝或鋁箔包裝高湯

若要搭配拉麵的話，這種類型高湯建議避免。與麵料（如叉燒肉、溏心蛋、筍乾等）相比，味道實在太弱，而且都費心思製作精彩的麵料了，一定要有旗鼓相當的湯頭！

竹科小故事　　臉色鐵青的烏龍麵

竹科流傳一個說法是 Morris（人稱晶圓代工產業的教父）最厲害的不是發明晶圓代工，而是發明「要在台灣做晶圓代工」。原因之一是美國工程師沒那麼拚命，日本工程師沒那麼有彈性，而台灣工程師這兩個特性都有，且強度十足。

新竹有家日本人開的拉麵店，口味道地，生意不錯，我很常光顧。他們也有販售鍋燒烏龍麵，湯頭清淡滋味美妙。有一次點餐時，我問：「可以用烏龍麵湯頭，但是放拉麵的麵條？」結果，老闆斷然拒絕且臉色很不妙。

我到現在還想不通，拒絕沒關係，但為何不高興？真的不能「喬」一下嗎？

劇情解說： 場景換成晶圓廠，你叫日本工程師不按照 SOP 設定機台看看。

吃到撐叉燒拉麵

一般標準的拉麵會放入一至兩片日式叉燒肉，每次吃麵時都覺得意猶未盡，或是點叉燒肉放比較多的「叉燒拉麵」卻仍嫌不夠，不如乾脆自己做吧！

製作叉燒肉是以卷為單位，每次做都可以鋪滿不止一個湯碗，一舉掃除所有怨念。

食材 (5人份)

日式叉燒肉：
豬五花肉 …… 600g
洋蔥 …… 1/2顆
紅蘿蔔 …… 1/2顆
蔥 …… 2根
大蒜 …… 4瓣
整粒黑胡椒 …… 5顆
醬油 …… 2大匙
味醂 …… 2大匙
米酒 …… 1大匙
水 …… 2000ml

雞高湯：
雞架骨 …… 1份
玉米 …… 1/2根
蔥 …… 2根
洋蔥 …… 1/2顆
蘋果 …… 1/2顆
紅蘿蔔 …… 1/2根
水 …… 2200ml

其他：
日式拉麵麵條 …… 1包（500g，5人份）
蛋 …… 5顆
竹筍 …… 100g
蔥花 …… 5根
蒜末 …… 5瓣
白芝麻 …… 適量

▌步驟

1 日式叉燒肉：

豬五花肉修成 20×15cm 大小，厚度約 1.5cm，皮面在外捲起來，用繩子綁緊（煎過會縮）。在平底鍋放油，熱鍋，煎到表面微焦。取湯鍋放水、洋蔥、紅蘿蔔、蔥、大蒜、整粒黑胡椒、醬油、味醂、酒，煮滾後放入肉卷，轉中小火煮 2 小時。這個滷汁在後面步驟還會用到。

2 高湯：

雞架骨汆燙，取另一個湯鍋，加上水、玉米、蔥白（蔥的白色部分）、洋蔥、蘋果、紅蘿蔔，煮滾後轉中小火煮 1 小時，濾出湯汁即可（可以事先做好，分裝冷凍，要用時再解凍煮滾）。

3 溏心蛋：

雞蛋水煮 6 分鐘馬上浸冷水，再浸入步驟 **1** 的滷汁一天。

4 筍片：

竹筍切片熱炒，需加入 2 大匙步驟 **1** 的滷汁，請炒到收汁。

5 日式拉麵麵條煮熟甩乾水分，裝碗，湯頭用高湯跟滷汁混合調整濃淡，放入切片的叉燒肉、筍片、溏心蛋、蔥花、蒜末、白芝麻。

將豬五花肉捲起來，用繩子綁緊。

完成的日式叉燒肉。

里肌肉片醬油拉麵

通常店家做的拉麵口味偏濃郁，因為當整條街的店家端出來的都是濃郁的菜餚，你上桌的是清淡料理會很吃虧。其實，拉麵也可以煮的很清淡，這道用豬里肌肉而不是日式拉麵最常用、較為油膩的五花肉，溏心蛋也改為清淡的水煮蛋，品嘗時，還可以喝到湯頭中的蔬果風味。

食材 (5人份)

滷里肌肉：
豬里肌肉 …… 600g
醬油 …… 2大匙
味醂 …… 2大匙
米酒 …… 1大匙
洋蔥 …… 1/2顆
蔥 …… 1根
紅蘿蔔 …… 1/2顆
水 …… 2000ml

雞高湯：
雞架骨 …… 1份
玉米 …… 1/2根
蔥 …… 2根
洋蔥 …… 1/2顆
蘋果 …… 1/2顆
紅蘿蔔 …… 1/2根
水 …… 2200ml

其他：
日式拉麵麵條 …… 1包（500g，5人份）
蛋 …… 5顆
蔥花 …… 2根
白芝麻 …… 適量

步驟

1 取一鍋放入冷水，放入醬油、味醂、米酒、大塊的洋蔥、大塊的蔥、大塊的紅蘿蔔，煮滾。

2 豬里肌肉買來整塊不用切，在平底鍋放油，熱鍋，煎表面到金黃，放入步驟 **1** 的鍋中，中小火滾 40 分鐘，浸泡放涼，靜置隔夜。

3 製作雞高湯：
雞架骨汆燙，放入鍋中，加上水、玉米、蔥白（蔥的白色部分）、洋蔥、蘋果、紅蘿蔔，煮滾，轉中小火滾 1 小時，濾出湯汁。

4 水煮溏心蛋：
湯鍋放水煮滾，轉中火，放入蛋煮 6 分鐘，撈出浸泡冷水中。

5 湯頭用高湯跟滷汁混合調整濃淡，日式拉麵麵條煮熟，豬肉切片，裝碗後放溏心蛋，撒蔥花、白芝麻。

清淡版的滷里肌肉片。

波士頓龍蝦
味噌拉麵

在台式辦桌或海鮮餐廳，常會使用龍蝦頭煮味噌湯，真是人間美味啊！若要煮味噌拉麵，當然就會想到龍蝦！精燉細熬的蔬果高湯，加入自己喜愛的味噌，再放入鮮美生猛的龍蝦，還有用高湯滷製的小里肌叉燒肉，超奢華、超美味！

▌食材 （5人份）

小里肌叉燒肉：
豬小里肌 …… 1條（約600g）
昆布 …… 約5cm×5cm
醬油 …… 1大匙
味醂 …… 1大匙
糖 …… 1/2小匙
水 …… 2000ml

龍蝦：
波士頓龍蝦 …… 5隻
薑 …… 5片
米酒 …… 1大匙
水 …… 2500ml

雞高湯：
雞架骨 …… 1份
玉米 …… 1/2根
蔥 …… 2根
洋蔥 …… 1/2顆
蘋果 …… 1/2顆
紅蘿蔔 …… 1/2根
水 …… 2200ml

其他：
日式拉麵麵條 …… 1包（500g，5人份）
味噌 …… 1大匙
蒜 …… 2瓣
蔥 …… 1根
玉米 …… 1/2根
豆芽 …… 1把
白芝麻 …… 適量

步驟

1 製作雞高湯：

雞架骨汆燙後，放入鍋中，加上水、玉米、蔥白（蔥的白色部分）、洋蔥、蘋果、紅蘿蔔，煮滾，轉中小火滾 1 小時，濾出湯汁。

2 小里肌叉燒肉：

小里肌從冰箱取出放半小時恢復常溫，在平底鍋放油，熱鍋，煎表面到微焦。在另一小鍋取步驟 **1** 的部分高湯，加昆布、醬油、糖、味醂，煮滾後放入小里肌肉，中火煮約 10 分鐘，取出放涼後切片。

3 龍蝦：

電鍋放龍蝦、米酒、薑、一杯量米杯的水，按電鍋開關，蒸到開關跳起來，取出蝦肉切片。

4 湯頭製作：

取步驟 **1** 的高湯跟步驟 **3** 蒸熟的龍蝦頭下方蝦殼帶肉跟蝦膏部位，加入蒜片、蔥白，小火煮 15 分鐘，熄火後放入味噌，攪拌到溶解。

5 配料：

準備水煮玉米粒、燙到半熟的豆芽，還有蔥花、白芝麻。

6 組合：

日式拉麵麵條煮熟甩乾水分，放入湯頭裡，再加上配料，用蝦頭、蝦殼裝飾即可。

Monet Murmur 中

湯頭是基本高湯加上調配的味噌，味噌的選擇與組合就看個人喜好，不知怎麼選擇的話，可以選用最普遍的信州味噌（若食譜沒特別標示，就是使用這款味噌）。喜歡甜一點的口味，就混入白味噌（以西京味噌為代表），喜歡鹹一點的口味，加入赤味噌（以八丁味噌為代表）。這些日本味噌可在**進口食材豐富的超市**買到。

㊧ 信州味噌　㊨ 八丁味噌

屏東石斑 藍色拉麵

鹽味拉麵是日式拉麵的重要口味之一，利用蝶豆花讓湯頭呈現海水般的藍色，正好與海水一樣是鹽味，肉品也配合大海的主題，採用烤石斑魚。（這道料理是致敬師大路的「真劍拉麵」，主要是參考其外觀跟創意，但口味則自行設計。）

▌食 材 （5 人份）

雞高湯：（使用3L湯鍋）
雞架骨 …… 1份
玉米 …… 1/2根
蔥 …… 2根
洋蔥 …… 1/2顆
蘋果 …… 1/2顆
紅蘿蔔 …… 1/2根
水 …… 2200ml

其他：
日式拉麵麵條 …… 1包（500g，5人份）
屏東石斑魚排 …… 1包（約250g）
乾燥蝶豆花 …… 10朵
蛋 …… 5顆
蔥 …… 2根
黃檸檬 …… 1顆
牛番茄 …… 1顆
鹽之花（flor de sal）…… 適量
（或挑選你喜愛的鹽）

▌步 驟

1　烤石斑魚：石斑魚排撒鹽靜置 15 分鐘，擦乾，烤箱設 200℃，烤 12 分鐘，取出切片。

2　製作雞高湯：雞架骨汆燙，放入鍋中，加上水、玉米、蔥白（蔥的白色部分）、洋蔥、蘋果、紅蘿蔔，煮滾，轉中小火滾 1 小時，濾出湯汁。

3　將蝶豆花放入高湯，待藍色漸漸浮現後，撈起蝶豆花。放鹽之花調味，裝碗放入煮熟瀝掉水分的拉麵、烤石斑魚、水煮蛋、白色蔥絲，放上黃檸檬跟番茄裝飾。

Monet Murmur 中

湯頭以基本高湯加鹽調配，我選用了法國的鹽之花（flor de sal），風味上沒有海鹽常見的苦味與澀味，而是甘甜、柔和、細膩。如果有玫瑰岩鹽（採自喜馬拉雅山）也是不錯的選擇。這兩種鹽在一般超市或大賣場可能就有。

㊧ 鹽之花
㊨ 玫瑰岩鹽

台南虱目魚拉麵

這道料理參考日式鯛魚拉麵，將場景切換到台灣，若要新鮮在地、便宜美味，那就非虱目魚莫屬。肥美的虱目魚肚、烤魚背肉、照燒魚肉通通在一碗拉麵呈現，吃得心滿意足！

Monet Murmur 中

> 這道使用的魚骨高湯與雞骨、豬骨、牛骨高湯都不同，熬煮時間比較短，只要30分鐘即可，熬再久也不會更好喝，反而會有腥味，並且也不宜放到隔餐，所以簡單乾淨俐落，不用前置作業，一次煮到好。

食材（5人份）

日式拉麵麵條 …… 1包（500g，5人份）
台南虱目魚 …… 1條
蛤蜊 …… 10顆
醬油 …… 1小匙
味醂 …… 1小匙
蔥 …… 2根
海帶芽 …… 適量

魚骨高湯：
昆布 …… 約10cm×5cm
蔥 …… 2根
酒 …… 1大匙
水 …… 2800ml

濃口高湯：
醬油 …… 1大匙
味醂 …… 1大匙
酒 …… 1/2大匙
鹽 …… 1小匙

步驟

1 **魚骨高湯：**魚頭、魚骨汆燙後，移到冷水鍋，跟昆布、蔥、酒一起煮滾，拿掉昆布後，小火熬煮30分鐘。

2 **濃口高湯：**在另一鍋，取兩瓢（約150ml）魚骨高湯，加入醬油、味醂、酒、鹽，煮滾。

3 **魚背肉：**以平底鍋加油，熱鍋後，將表面煎到微焦，移至預熱到160℃的烤箱烤8分鐘。

4 **魚肚跟蛤蜊：**取另一湯鍋，放500ml魚骨高湯，煮滾後放魚肚跟蛤蜊煮熟。

5 **照燒魚肉：**以步驟1魚頭、魚骨的碎肉，炒醬油、味醂到收汁。

6 將拉麵麵煮熟，以上全部裝碗，湯頭用步驟1的魚骨高湯400ml、步驟4煮過蛤蜊的湯汁100ml，加入適量的步驟2濃口高湯調整鹹淡。最後加入海帶芽、蔥段即完成。

日式餐點的營養搭配

根據衛福部「每日飲食指南」的建議，三大營養素佔總熱量的分配比例為：蛋白質10~20%、脂質20~30%、醣類（碳水化合物）50~60%。每餐大致平均攝取一碗雜糧類、兩份豆魚蛋肉類、一份蔬菜（煮熟後約半碗飯碗的分量）、一份水果、以及其他微量營養素。

一般來說，日式餐點的丼飯類會有兩個較明顯的問題：

① 澱粉比例高：兩倍以上的白米飯分量。

② 蔬菜量少：蔬菜往往只是點綴、配色用途，一餐大約只有 1/3 分量。

另外，每日建議攝取鈉的分量是2000毫克，因為丼類需要醬汁拌飯才好入口，因此，在調味部分有可能一餐的鈉的分量就超過一日所需的一半。

若是有蔬菜量不足的問題，建議下列方法：

① 搭配小菜（和風燙青菜）或沙拉（和風沙拉）。

② 在丼飯上加入一些耐煮食材，如滷蘿蔔、青花菜或玉米筍。

想要同時解決澱粉量高、蔬菜不足的狀況，可使用花椰菜米代替部分白飯。

調味料則在自己煮食時，可手動調整，相對於餐廳的調味建議再清淡一些。

專欄主筆介紹

鄭惠文營養師

擁有營養師、衛生局食安講師、中餐烹飪、HACCP 證照，同時也具有保健食品開發經驗。常在社群上透過圖文，分享許多營養及健康飲食的小訣竅。（Instagram: @dietitian.tracy）

和風燙青菜

▎步 驟

1　菠菜或空心菜洗淨後，整株以滾水燙熟，用筷子夾起整齊疊放在砧板上，稍微捏除水分，切除根部，然後視餐盤或碟子大小切適當的長度。

2　裝盤淋醬油，撒柴魚片或白芝麻。

和風沙拉

▎步 驟

1　和風沙拉醬：
　　醬油 1 小匙、初榨橄欖油 1 小匙、米醋 1/2 小匙、糖 1/3 小匙、薑泥適量、芝麻適量，拌勻。

2　將萵苣、蘋果、小黃瓜、小番茄切適當大小，放到沙拉碗，淋和風沙拉醬。

和風滷蘿蔔

▎步 驟

1　昆布高湯：
　　鍋中放冷水 300ml、醬油 1 大匙、味醂 1 大匙、米酒 1 大匙、糖 1/2 小匙、昆布 10cm×5cm 1 片，煮滾，滾開後放柴魚片一把（約 5g）就熄火，移除昆布跟柴魚片（分量視鍋子大小，要能蓋過下一步驟要滷的蘿蔔）。

2　白蘿蔔及紅蘿蔔削皮切成適當大小，放在昆布高湯煮熟（約 20 分鐘）。

3　裝碗放蘿蔔及少許昆布高湯，撒蔥花裝飾。

Chapter 02

富裕北義

北義大利在中世紀時的政經勢力影響整個歐洲，包括啟發文藝復興的佛羅倫斯、金融及海運強權的威尼斯。這些背景反映在飲食上，北義大利的料理精緻且豐富。大家熟知的羅密歐與茱麗葉家族也是在北義大利，位在距威尼斯不遠的維洛納，兩家都是富裕好幾個世紀的大家族，在這章，我們來看看他們的家鄉菜。

▌油品

製作義大利菜時，需大量使用橄欖油。煎、炒等料理，可使用一般橄欖油；涼拌、料理完成後的澆淋、裝飾等，則使用初榨橄欖油。若是需要高溫（＞200℃）的烹調，例如大火煎牛排時，則會準備一款高煙點的油，如葵花油、酪梨油、葡萄籽油。以上都在**一般超市或大賣場**皆可購得。

▶ 㘴 初榨橄欖油　㆗ 一般橄欖油　㊢ 葵花油

▌葡萄酒

紅葡萄酒常用來佐餐，白葡萄酒則是佐餐與烹調都常用得到。若要詳談葡萄酒，其知識的深度與廣度都十分可觀，入門頗不容易，但是在義大利、法國卻是必要食材及飲品，在此建議中性、萬用的葡萄酒款，請見以下：

紅葡萄酒：挑選標籤上有「Merlot」（梅洛）這個品種的紅葡萄酒，有很多廠牌可以挑選，應該可以在新台幣300~500元區間購得。

白葡萄酒：挑選標籤上有「Sauvignon Blanc」（白蘇維濃）這個品種的白葡萄酒，有很多廠牌可以挑選，應該可以在 新台幣300~500元區間購得。

以上都在**一般超市或大賣場**即可購得。當然這只是最簡化的答案，解決眼前必須具備的食材跟佐餐酒。只要有在接觸，自然會持續探索更多有趣的酒款。

▶ 㘴 Merlot 紅葡萄酒　㊢ Sauvignon Blanc 白葡萄酒

▌黑胡椒

烹調肉品前會用黑胡椒去腥，或是在料理快完成時會放入黑胡椒提味。現磨的黑胡椒風味較佳，建議購買整粒黑胡椒，且罐子有內建研磨器的。若能挑選可以打開取出整粒黑胡椒更好，有些熬煮的食譜需要這樣的黑胡椒。在**一般超市或大賣場**即可購得。

▶ 在一般超市買到的兩種整粒黑胡椒，並且都有內建研磨器。

鯷魚

較精確的說法是油漬鯷魚，是地中海料理的提鮮食材（效果類似東南亞料理的魚露），只要一點點就能幫菜餚的香氣與鮮味大大加分。在**一般超市或大賣場**即可購得。

▶ 在一般超市買到的兩種鯷魚。

酸豆

酸豆其實是刺山柑的花苞，經過鹽漬，具有高度鹹味、酸味及一點青草味，常用在需要酸味的料理，例如檸檬魚、沙拉醬汁。在**一般超市或大賣場**即可購得。

▶ 在一般超市買到的兩種酸豆。

常用到的香草（乾燥）

義大利綜合香草：這個綜合幾種義大利常見的香草，各廠牌都有類似產品，烹煮義大利料理（含北義、地中海菜系）都可以使用，十分推薦。

羅勒：義大利菜的重要風味，乾燥版的羅勒常用在肉類的醃製跟調味，義大利料理的必備。

迷迭香：味道較強烈，常搭配氣味較強的肉品，如羊肉、鴨肉，需要時再買即可。

在一般超市買到的各式香草。

月桂葉：常用在高湯、醬汁，需要時再買即可。

巴西利（洋香菜）：巴西利是萬用香草，大部分歐式料理都可使用，運用的場合相當多，十分推薦。

以上在**一般超市或大賣場**即可購得，不過各超市或賣場鋪貨的品牌不同，有時要多跑幾家。

托斯卡奶油雞

北義大利的緯度頗高，與北海道相當，也都有發達的畜牧與酪農業，飲食上會有較多奶類製品。這道是輕鬆煮食的鍋物料理，濃濃的奶油風味，菠菜跟小番茄的鮮明配色，很適合在寒冷的天氣吃，一口接一口，好吃到停不下來。

▌食材 （2人份）

雞胸肉 …… 2片
小番茄 …… 12顆
菠菜 …… 3株
鮮奶油 …… 200ml
Parmigiano 起司粉 …… 1大匙
奶油 …… 15g
大蒜 …… 5瓣
檸檬 …… 1/4顆
羅勒（乾燥） …… 1小匙
巴西利、鹽、黑胡椒 …… 適量

托斯卡奶油雞使用的食材。

▌步驟

1 雞胸肉撒鹽，放進密封袋排除空氣，冷藏一天（此為乾式鹽漬法）；取出後用肉槌打一打（為了讓肉質軟嫩）。

2 將雞胸肉擦乾，撒黑胡椒、乾燥羅勒，油煎每面 5 分鐘到表面微焦，起鍋備用。

3 同一鍋放奶油、蒜泥，以小火炒到香味飄出（約 1 分鐘）；放小番茄稍煎一下（約 1 分鐘）；放菠菜稍煎一下（約 1 分鐘）；放鮮奶油、Parmigiano 起司粉，加鹽、黑胡椒調味，煮滾。

4 放回步驟 2 雞胸肉，煮約 5~7 分鐘到熟透，擠一點檸檬汁。

5 雞胸肉拿起，切片裝盤，接著放入步驟 3 的湯汁，撒上巴西利即可。

油煎雞胸肉到表面微焦。

各種食材下鍋！

加入雞胸肉煮熟。

義大利的南北飲食差異

從食譜的角度來看，義大利的南北差異可能會讓你以為是兩個不同的國家呢！北義大利的飲食以奶油、肉品居多，使用生鮮蔬果入菜相對較少；而南義大利則生鮮蔬果、海產較多。另一個明顯差異是北義大利食譜量多質精，看得出是非常富裕的地區，而南義的食譜就相對沒那麼考究。

此外，16 世紀時，佛羅倫斯的梅迪奇大公嫁女兒到法國（即法國亨利二世的凱薩琳皇后），帶了一大批廚師、食材、食譜作為嫁妝，為法國料理啟蒙，之後發展出法國料理璀璨的一頁，人稱凱薩琳皇后是「法國烹飪之母」。在後續的法國那一章，一起來看看地緣相近又系出同源的法國料理吧。

檸檬奶油鮭魚

這道是適合夏天享用的經典酸口味肉料理，菜名通稱為 Piccata，建議選用白肉，如雞胸肉、小牛肉、白肉魚、鮭魚等。將其煎到金黃耀眼、外酥內嫩，搭配酸得讓人唾液直流的檸檬、酸豆，加上滑潤奶油的醬汁，呈現清爽又濃郁的滋味。

▌食材 (1 人份)

鮭魚 …… 180g
洋蔥 …… 1 顆
酸豆 …… 1/2 大匙
檸檬 …… 1/4 顆
巴西利 …… 1/2 大匙
奶油 …… 40g
白葡萄酒 …… 1/2 杯
橄欖油、鹽、黑胡椒、麵粉
…… 適量

▌步驟

1 鮭魚肉撒鹽、黑胡椒靜置 10 分鐘，擦乾，撒麵粉，以橄欖油煎鮭魚肉，拿起，包錫箔紙保溫。

2 醬汁：同一鍋炒軟洋蔥末，倒入白葡萄酒稍煮收汁，放酸豆、檸檬汁、洋香菜稍攪一下，以鹽、黑胡椒調味，熄火拌奶油。

3 裝盤放鮭魚，上面淋醬汁，放檸檬片裝飾。

4 （裝飾用途，可省略）鮭魚的皮切下，雙面噴橄欖油，放到鋪有烤盤紙的烤盤，接著再鋪一片烤盤紙，用夠重的烤皿壓住，烤箱預熱 180℃ 烤 20 分鐘。擺盤時，將烤好的鮭魚皮放在鮭魚上即可。

優格凱撒沙拉

凱撒沙拉看似健康，但熱量比想像來得高！因此，用優格芥末醬替代美乃滋，不僅風味佳，且較為健康。又這道菜是在墨西哥發明的，雖然風行全球，但在義大利很可能點不到這道料理。

▎食材 （1人份）

特別版優格芥末醬：
鯷魚 …… 2小匙
大蒜 …… 2瓣
優格 …… 1大匙
Parmlglano 起司 …… 10g
芥末醬 …… 1/2小匙

雞胸肉 …… 1片
麵包 …… 約吐司麵包一片的分量
橄欖油 …… 2小匙
大蒜 …… 2瓣
蘿蔓生菜 …… 1顆
黑胡椒 …… 適量

▎步驟

1　**特別版優格芥末醬：** 將鯷魚跟大蒜切末，加優格、Parmigiano 起司粉、芥末醬，拌勻。

2　將蘿蔓生菜洗淨擦乾，並撕碎。

3　將麵包切丁，加橄欖油、大蒜泥，進烤箱130℃約8分鐘烤到脆。

4　雞胸肉水煮到熟，取出稍放涼之後，切丁。

5　把步驟 **1**、**2** 拌勻，讓醬汁沾附道菜葉上，再加入步驟 **3**、**4** 稍微拌一下，撒上現刨 Parmigiano 起司片、黑胡椒。

不能缺少的味道──介紹
Parmigiano 起司、
Mozzarella 起司、Gorgonzola 起司

如果要做北義大利料理，就不能不提起司了，這三種起司最常入菜，不過，「常見的」與「道地的」不一樣，以下會分別介紹。

Parmigiano 起司
（帕米吉阿諾起司）

常見：在享用義大利麵時，常會撒一些起司粉在麵醬上，這就是一般俗稱 Parmesan（帕瑪森），幾乎所有超市都可買到大量製造的粉狀起司。

道地：在義大利，仍有遵循古法以人工製造的產品叫 Parmigiano-Reggiano（簡稱 Parmigiano），是有歐盟產區制度保護的農牧產品，製造者要遵循一定的規範（產地範圍、原物料、製作方式等），不在此規範內的產品不能使用這個名字，若違反了會有法律上的罰則，因此購買時認明 Parmigiano-Reggiano 這個名字就不會錯。

Parmigiano 是圓鼓狀，大小跟樂器的小鼓差不多，大多分切成塊狀販售，料理時以起司刨刀現刨成粉狀或薄片，跟一般便宜工業製品比起來，道地版的香味十分濃郁，用過有「回不去」的感覺。

購買地點：Parmigiano 在 Costco 與家樂福皆有販售自有品牌，穩定供貨並且價格相對便宜。**進口食材豐富的超市**也都有。

Mozzarella 起司
（莫札瑞拉起司）

常見：乾燥的 Mozzarella（見右圖）製作披薩或焗烤料理時，鋪上的起司就是 Mozzarella，也是大家最常吃到的起司。在

台灣看到的通常是絲狀或塊狀，可以冷凍又好保存，幾乎每間超市都會有。

道地： 生鮮的 Mozzarella（見右圖）若是在義大利當地，較常使用的則是宛如嫩豆腐般，軟軟水水的，通常保存期限一兩週，密封或許可以到一個月。**進口食材豐富的超市**會有義大利進口的，但保存期限短，供貨並不穩定。Costco 有美國製的，風味普通，不過供貨穩定，也可運用。

Gorgonzola 起司（戈貢佐拉起司）

大家對這款起司應該比較陌生，有點臭臭的藍黴起司，不過入菜時會有濃郁奶香，而且帶著特殊風味，非常好吃。

常見： 都會區的超市會有 Danablu 起司（丹麥藍起司），這是最常見的藍黴起司。

道地： 在義大利當地使用的是 Gorgonzola 起司。

購買地點：進口食材豐富的超市，或是**向專業食材商網購**。因為有歐盟產區制度保護（這也表示量少、質精、價高），而且使用的人少，所以三不五時會斷貨，是可用 Danablu 代替，只不過吃完會覺得悵然若失。

<h1>溫沙拉 鰻魚熱沾醬</h1>

這是在皮埃蒙特（Piedmont）的葡萄收成時，大家忙了一天，把鰻魚熱沾醬（Bagna Càuda）放在小火爐上保溫，然後取各種秋天的食材沾著醬汁吃。食材可依性質加以水煮、火烤、油煎或直接生食，沾著鰻魚與煮軟的大蒜就非常好吃，還可襯托出食物原有的甜味。

▌食材 (1 人份)

鰻魚熱沾醬：
大蒜 …… 1/2顆
初榨橄欖油 …… 2大匙
鰻魚 …… 1大匙
奶油 …… 30g

沙拉食材：（請挑選自己喜愛的食材，以下是此食譜的組合）
帶殼玉米筍 …… 3支
牛肉 …… 50g
雞里肌肉 …… 50g
黃櫛瓜 …… 1/4根
綠櫛瓜 …… 1/4根

紅蘿蔔 …… 1/4根
蘆筍（細）…… 3根
綠花椰 …… 30g
秋葵 …… 3根
馬鈴薯 …… 1/4顆
番茄 …… 1/2顆
櫻桃蘿蔔 …… 1顆

▌步驟

1　**鰻魚熱沾醬：**先將大蒜去皮、切片。放入大蒜、橄欖油和鰻魚，以小火加熱，煮到大蒜變軟（約5分鐘），不要煮到焦黃。

2　熄火後，拌入奶油融化即可。

3　各項沙拉食材可自由發揮：骰子牛肉（油煎）、雞里肌肉（水煮）、玉米筍（帶殼切半，切面向上，130℃烤3~5分鐘）、黃＆綠櫛瓜（油煎）、紅蘿蔔（油煎）、蘆筍（水煮）、綠花椰（水煮）、秋葵（水煮）、馬鈴薯（水煮）、番茄（生食）、櫻桃蘿蔔（生食），原則上都不用調味，沾醬汁吃即可。

那些關鍵食材：番茄糊、麵粉

番茄糊

從義大利北部開始往北，一直到法國、德國，
番茄糊（tomato paste）是食譜的常客，而且
不能用番茄醬（ketchup）或番茄泥（tomato
puree）取代，不一樣就是不一樣。番茄糊是番
茄泥經過熬煮濃縮製成，有點像煮成琥珀色的
焦糖跟甘蔗原汁的差異，你絕不會在該用焦糖
時，拿甘蔗原汁來用。

購買地點：**進口食材豐富的超市。**

㊧ 番茄泥　㊨ 番茄糊

麵粉

對於麵粉，在台灣所熟知的分類，基本上是中
筋、低筋、高筋為主，但在義大利是以研磨度
來區分，包裝上會標示 TYPO 跟數字，數字意
義是：2（粗）、1（中）、0（細）、00（更細）。
各種研磨度都可能是高筋、中筋、低筋，筋度
要看包裝上的蛋白質含量，高筋 12.5%~14%，
中筋 9%~12.5%，低筋 9% 以下。例如做披薩
需要高筋麵粉，A 廠牌可能 00 麵粉適合做披
薩，B 廠牌則是 0 麵粉。

㊧ 杜蘭小麥粉　㊨ TYPO 00 麵粉

義大利麵粉常用在製作披薩，特性是在高溫烘烤時（> 370℃）會有爆發的麥
香，另外也會用來製作生義大利麵（現做的義大利麵，有別於市售乾燥的義大
利麵）。

另一種重要的麵粉是杜蘭小麥粉，這是市售乾燥的義大利麵所使用的麵粉。當
我們要製做生義大利麵、義大利麵餃時，也常使用這個，購買時認明包裝上的
「semola di grano duro rimacinata（細磨杜蘭小麥粉）」即可。

以上兩種麵粉在**進口食材豐富的超市**、烘焙材料行有售。

蘇連多麵疙瘩

義式麵疙瘩（gnocchi）有時直接音譯「玉棋」、「扭奇」，主要食材是馬鈴薯與麵粉。這道蘇連多麵疙瘩（Gnocchi alla Sorrentina）的「Sorrento」是地名（Sorrentina 是形容詞），是在這個地方發現這道古老食譜的。將麵疙瘩捏成可愛形狀，搭配起司跟番茄麵醬，一起焗烤出誘人的餐點！

▌食材 （1 人份）

馬鈴薯 …… 2顆
麵粉 …… 90g
Ricotta 起司（瑞可塔起司）…… 50g
蛋 …… 1顆
番茄麵醬 …… 2大匙
Mozzarella 起司 …… 150g
Parmigiano 起司 …… 30g

番茄醬（也可使用番茄麵醬）…… 1大匙
巴西利 …… 適量
羅勒（或用九層塔）…… 一株

步驟

1 馬鈴薯蒸熟，降溫、散掉水氣，去皮用叉子壓
成粗泥狀。

2 將麵粉過篩後，加入 Ricotta 起司、蛋、步驟 **1**
的馬鈴薯泥，溫柔拌勻，避免太用力揉到出筋。

3 搓成長條，切塊搓成大約 1.5cm 直徑的小球，
用叉子或手指壓凹洞。凹洞的形式隨意，只要
能沾附醬汁即可。

製作麵疙瘩。

4 將 3.5% 的鹽水（例如 1 公升的水加入 35g 鹽，
而這個鹹度與海水相同）煮滾後放入麵疙瘩，
待麵疙瘩浮起來，撈起瀝乾放烤皿，拌番茄麵
醬、Mozzarella 起司、Parmigiano 起司。

5 烤皿上再一次鋪 Mozzarella、Parmigiano，讓
表面有焦香的效果，烤箱預熱 190℃烤 15 分鐘。

進烤箱前。

6 裝飾：
放入番茄醬、巴西利、羅勒（或用九層塔）來
提味。

波隆那肉醬寬扁麵

波隆那肉醬義大利麵（spaghetti bolognese）是常見的圓直麵搭配番茄肉醬，屬於基本款的義大利麵，但是這道料理與波隆那沒有關係，就跟溫州並沒有溫州大餛飩一樣。在波隆那，當地人常吃的是這道肉醬寬扁麵（Tagliatelle al Ragù），用番茄糊製作肉醬，並且配合寬扁麵，才能正確吸附醬汁。

▍食材 (2人份)

生義大利麵：
義大利 TYPO 00麵粉 …… 100g
鹽 …… 1/4 小匙
蛋 …… 1顆

義大利麵醬：
洋蔥 …… 1/2顆
紅蘿蔔 …… 1/2根
西洋芹 …… 1枝
培根 …… 40g
番茄泥 …… 3大匙
番茄糊 …… 1大匙
牛絞肉 …… 200g
豬絞肉 …… 100g
香草（乾羅勒、迷迭香、月桂葉）
…… 各 1/4 小匙
鹽、黑胡椒 …… 適量
水 …… 1杯

其他：
Parmigiano 起司 …… 10g

| 步 驟

1　現做生麵：

義大利 TYPO 00 麵粉、鹽、蛋揉成光滑麵團，靜置 30 分鐘；擀平至厚度約 1.5mm，切成 0.6cm 寬的麵條。

2　製作麵醬：

① 用橄欖油中小火炒洋蔥丁、西洋芹菜丁、紅蘿蔔丁，炒 15 分鐘，拿起。

② 炒培根丁到表面焦香，加牛絞肉、豬絞肉，炒熟。

③ 接著放入①的蔬菜，再倒入罐頭番茄泥、番茄糊，炒勻。

④ 加 1 杯水，放黑胡椒、香草（乾燥羅勒、迷迭香、月桂葉），煮滾後小火熬煮 1 小時。

⑤ 加入鹽、黑胡椒調味。

3　寬麵條在 3.5% 鹽水（1 公升的水加入 35g 鹽，這個鹹度跟海水一樣）煮約 6 分鐘，撈起，跟麵醬拌勻。

4　裝盤撒 Parmigiano 起司粉。

Monet Murmur 中

有人說每個義大利媽媽都有自己獨特的麵醬口味，也是每位義大利人口中的故鄉。麵醬是非常個人的，如果有機會吃別人親自熬煮的麵醬，不妨細細品嘗，並且大方稱讚，還可以試著詢問「為何會這麼好吃？」我相信對方一定會很高興。

這次自己製作麵條，若不想花費太多時間，可以購買市售的，購買時請認明「Tagliatelle」的字樣。或許你會疑惑，麵條圓的跟扁的有差別嗎？義大利人細分麵條的方式，就像台灣人對滷肉飯、肉燥飯、爌肉飯的區分一樣，絕不能混為一談，試想一位外國人對你說滷肉飯跟肉燥飯看起來、吃起來都一樣，你當然會搖頭不以為然（甚至憤怒）。

自製義大利生麵。

醬汁完成！

起司松露義大利麵餃

這道麵餃以 Ricotta 起司當內餡，醬汁使用另兩種經典起司跟鮮奶油、牛奶，再搭配不同種類的美味菌菇，端上桌時濃烈的松露跟起司香味，讓人食慾大開，不禁感嘆義大利人真的很懂吃！

食材 （1 人份）

杜蘭小麥粉 …… 100g
蛋 …… 1顆
鮮奶油 …… 80ml
牛奶 …… 80ml
松露（可買罐裝的，或使用松露醬）
…… 10g
鴻禧菇 …… 50g
Parmigiano 起司 …… 10g
Gorgonzola 起司 …… 10g
Ricotta 起司 …… 20g
鹽、黑胡椒 …… 適量

步驟

1 **製作生麵：** 使用杜蘭小麥粉、蛋，揉成光滑麵團，靜置 30 分鐘（若蛋較小，麵團很硬而揉不動，可適量加水）。

2 **松露醬汁：** 將鮮奶油、牛奶、松露、鴻禧菇煮滾；加入 Parmigiano、Gorgonzola 煮到融化；最後加鹽、黑胡椒調味。

3 **麵餃：** 麵團擀平，切成 6×6cm 正方形，兩片中間包 Ricotta 起司，四周用叉子壓密合。

4 將 3.5% 的鹽水（1 公升的水加入 35g 鹽，其鹹度與海水相同）煮滾，放入麵餃，待浮起再滾 1 分鐘後撈起，放到醬汁滾一下，裝盤。

Monet Murmur 中

這次的麵團只用杜蘭小麥粉跟蛋，會比較硬，需要用力揉，但是口感有嚼勁。有人會加入一大匙橄欖油，比較好揉，口感也較軟，看個人喜好。

製作生義大利麵時，若有製麵機會較為輕鬆（一台要價新台幣 1,000~4,000 元不等），可以做出精確厚度、寬度的麵皮或麵條；若是沒有的話，一根擀麵棍也可以做出來（一根要價新台幣 50 元），適合偶爾做且少量的麵條。

北義料理的高湯製作

在烹調北義、法國菜時，常需要加入高湯（stock 或 broth），這是無調味的骨肉蔬菜清湯，不會只是單純的加水就好。

基本清高湯：雞高湯

▌食材

洋蔥 …… 1/2 顆
紅蘿蔔 …… 1/2 根
西洋芹 …… 2 枝
蘋果 …… 1 顆
玉米 …… 1/2 根
月桂葉 …… 3 葉
整粒黑胡椒 …… 5 顆
雞小腿（或其他部位的帶骨雞肉）…… 3 根

▌步驟

1 帶骨雞肉（如雞小腿翅、雞骨架等，可前往大型超市尋找）汆燙。

2 鍋中放 2000ml 的水、洋蔥、紅蘿蔔、西洋芹、蘋果、玉米、汆燙過的帶骨雞肉，放月桂葉、整粒黑胡椒，大火煮滾，轉中小火滾半小時。

這種高湯與煮日本拉麵時的基本清高湯幾乎一樣，差別在配合歐式料理的風味，額外加入了西洋芹、月桂葉、整粒黑胡椒。高湯的食材組合很個人化，你也可以自行組合，創造自己喜愛的口味。另外，每次的用量不多，建議可以煮一鍋，再分裝冷凍保存，下次要煮時，解凍即可使用。

稍微講究的雞高湯

通常高湯在料理時是配角，但也有角色很吃重的時候（請參考 P.68「義式燉飯」），我會特地現煮一鍋，甚至會將帶骨雞肉、洋蔥、紅蘿蔔等食材先淋橄欖油，再進烤箱烤過。帶骨雞肉烤過較香，洋蔥及紅蘿蔔跟橄欖油一起烤過會變甜。

沒時間準備時的高湯建議

如果親手製作的高湯包正好庫存用盡，也可以參考市售的高湯。開罐後如果用不完，一樣可以分裝冷凍保存。新手開始嘗試歐式食譜時，可使用市售高湯代替，簡化備料工作。

市售的兩種高湯。

義式燉飯

義式燉飯起源於盛產稻米的北部義大利,是米蘭地區的特色菜餚。道地的義大利燉飯使用義大利米,米心微硬,很能吸收湯汁。米粒裡盡是高湯、牛肉、起司、香料的風味,極有層次感。

食材 (2 人份)

高湯:
雞腿(或其他部位的帶骨雞肉)
…… 2根
洋蔥 …… 1/2 顆
紅蘿蔔 …… 1/2根
橄欖油 …… 1大匙
西洋芹 …… 2 枝
蘋果 …… 1 顆
玉米 …… 1/2 根
月桂葉 …… 3 葉

燉飯:
白葡萄酒 …… 20g
番紅花 …… 0.2g
牛五花片 …… 50g
洋蔥 ……半顆
義大利米 …… 200g
奶油 …… 15g
Parmigiano 起司 …… 15g

其他:
菲力牛肉(可省略)…… 100g
迷迭香(新鮮,裝飾用)…… 2枝

 義大利米在台灣各大超市沒見過,不過有多家食材進口商可以網購。

▌步驟

1 烤盤放洋蔥、紅蘿蔔、雞腿,淋橄欖油,烤箱預熱 190℃ 烤 15 分鐘。

2 　高湯製作:

　湯鍋放步驟 **1** 的洋蔥、紅蘿蔔、雞腿,放西洋芹、蘋果、玉米、2000ml 水,大火煮滾,轉中小火滾半小時。(這次燉飯只需要 450ml,建議先煮一鍋再分裝冷凍,以後都可以使用)

3 取酒杯等容器,倒入白葡萄酒,放番紅花浸泡約半小時。

4 平底鍋開中小火,放奶油,將牛五花肉炒熟,加入切碎的洋蔥,炒軟,加入義大利米、步驟 **2** 的白葡萄酒及番紅花,拌勻後加兩瓢高湯(約 150ml),炒到收汁;重複炒高湯到收汁共 3 次。

5 加鹽、黑胡椒調味;熄火,加奶油、Parmigiano 起司,拌勻。

6 (可省略)取另一個平底鍋,倒油將牛排煎至喜歡的熟度,靜置 8 分鐘後切片。

7 盛盤裝燉飯,放牛排,放迷迭香裝飾。

Monet Murmur 中

義式燉飯使用的義大利米比較大顆,外觀不透明很像糯米,這種米很能吸附高湯,米心微硬時嚼起來有粉感,這時候最好吃,若煮到熟透整個軟掉,反而沒那麼好吃,帶點米心是最佳狀態。

又,高湯至關重要!這道料理的米粒吸收大量高湯,高湯決定了風味,因此值得用心現煮一鍋。

▶ ㊦ 義大利米(Arborio 品種)　㊤ 台灣米(梗米)

義式烘蛋

義式烘蛋（Frittata）常被說是清冰箱料理，只要將任何食材放入蛋液中，就是一道自由隨興的料理。不過，若能花一點心思製作跟搭配，絕對是一道美食。

▍食材 （2人份）

馬鈴薯 …… 1顆
南瓜 …… 150g
（去皮去籽後的重量）
鱸魚 …… 150g
菠菜 …… 2株
小番茄 …… 5顆
蘑菇 …… 100g
蛋 …… 2顆
鮮奶油 …… 1大匙
（也可使用牛奶）
鯷魚 …… 1小匙
Gorgonzola起司 …… 10g

▍步驟

1 馬鈴薯切塊，以中火油煎到熟，轉中大火煎 2 分鐘讓表面微焦；南瓜較容易熟，可以在最後 5 分鐘加入一起煎即可（沒把握的話也可以分開煎，一樣一樣來）。

2 鱸魚切丁、菠菜切段、小番茄切半、蘑菇切片，分別煎炒到熟。（以上步驟食材都要先煮熟，因為後續煮蛋液的時間很短，是無法將食材煮熟的）

3 蛋液加鮮奶油，比例是 2 顆蛋：1 大匙（加乳品會有軟軟半凝固效果），這時加入切碎的鯷魚拌勻。

4 以上全部放入平底鍋，稍微攪炒到蛋液半凝固，表面放切碎的 Gorgonzola 起司，烤箱預熱 200℃烤 5 分鐘，即完成。

一同來認識巴薩米克醋！

巴薩米克醋是義大利知名特產，風味酸中帶微甜，拿來加入菜餚不會破壞原本味道，反而還會提升食材的鮮美和甜味。

歐盟有規範巴薩米克醋必須在義大利的「摩德納」和「雷焦艾米利亞」這兩地生產，其他地方生產類似的陳年醋不能稱為「巴薩米克」。最昂貴等級是DOP，一般會熟成12年以上，且有嚴格的生產及製作標準，年分越久風味越佳，這種價格十分昂貴，在高級超市陳列時常會鎖在櫃內。一般用於調味的是IGP等級，認證上稍微寬鬆，不過仍要遵循一定的生產標準。符合DOP及IGP的在瓶身或外盒上會有標章，見下圖。

DOP等級巴薩米克醋可以在**進口食材豐富的超市**買到，IGP等級的則在**進口食材稍多的超市**就有。烹煮用途可以使用IGP等級，年分較少的即可；若是在料理完成時澆淋用，或調配沾醬時，使用年分或等級越高（價格也越高）的會有更迷人的滋味，當然也要看荷包君是否同意了。

兩種等級的巴薩米克醋。

橘底紅字（DOC）及黃底藍字（IGP）的圓形標章。

米蘭小牛肉

小牛肉（veal，法文為 veau）是從大約畜養6個月的小牛所取得的肉，肉質軟嫩，口感細緻，北義大利、法式料理很愛用。油炸的麵衣加入 Parmigiano 起司，香氣濃厚，搭配白酒大蒜番茄泥與芝麻葉，再啜飲一口白葡萄酒，真是精緻又美味的餐點。

▌食材 （1 人份）

小牛肉：
帶骨小牛肉 …… 2支
麵粉 …… 1大匙
蛋 …… 1顆
麵包粉 …… 2大匙
檸檬 …… 1顆
Parmigiano起司 …… 10g
（從整塊刨粉、刨片）
適合油炸的油（如葵花油、葡萄籽油）
…… 分量在鍋中要到小牛肉厚度的一半

白酒大蒜番茄泥：
白葡萄酒 …… 1大匙
大蒜 …… 3瓣
番茄泥 …… 150g
（可買罐裝或是將新鮮番茄打泥，罐裝的顏色會比較飽和好看）
義式香草料 …… 1小匙
（可買市售乾燥瓶裝，或自己搭配新鮮的巴西利、羅勒）

裝飾：
芝麻葉 …… 1把
小番茄 …… 5顆
海鹽 …… 1小匙
初榨橄欖油 …… 1/2大匙

| 步驟

1 小牛肉於烹煮前 30 分鐘前取出,在室溫靜置,
然後拍上薄薄一層麵粉,刷蛋汁、加上檸檬皮,
最後裹麵包粉混入 Parmigiano 起司粉。

2 | 白酒大蒜番茄泥: |

大蒜切末,平底鍋放適量油,以中火炒到香氣
出來,加入白葡萄酒煮滾,放番茄泥、義式香
草料,轉小火熬煮 10 分鐘。

3 平底鍋放適合油炸的油,高度至少到小牛肉的
一半。中大火熱鍋到油炸溫度(放麵包屑會起
泡泡),放入小牛肉,炸到麵衣呈金黃色,需
適時翻面。

4 取出小牛肉,放在廚房紙巾、網架上瀝油,撒
海鹽,靜置 1 分鐘。

5 裝盤,先鋪上白酒大蒜番茄泥,放小牛肉,接
著再放芝麻葉、小番茄、初榨橄欖油、檸檬汁,
放刨片的 Parmigiano 起司,搭配檸檬塊,即完
成。

米蘭小牛肉使用的食材。

肉色粉紅的小牛肉。

食材
取得　目前沒在各超市看過小牛肉,不妨可以透過網路購買。若無法取得的話,可改用雞胸肉、
豬里肌肉,不過,肉質就沒有小牛肉那麼軟嫩,建議烹調前先捶打,將肉捶軟。

藍黴乳酪牛排

Gorgonzola 起司聞起來、吃起來都有濃厚的發霉味，這種起司在製作過程中，會注入精心培養的黴菌，是人為細心呵護的發霉。但奇妙的是，原本可怕的味道在燉煮後，會飄出陣陣濃郁奶香，非常好吃！

食材 (1人份)

牛排：
牛小排（亦可使用其他適合做牛排的部位）
…… 180g
鹽、黑胡椒 …… 適量
煙點高的油（如酪梨油、葡萄籽油）
…… 2大匙
迷迭香 …… 1枝
奶油 …… 10g

配菜：
黃肉地瓜 …… 1/2顆
番茄 …… 1/2顆
綠花椰 …… 1/4顆

醬汁：
洋蔥 …… 1/2顆
高湯 …… 3大匙
蘑菇 …… 50g
百里香 …… 1株（新鮮）或 1小匙（乾燥瓶裝）
月桂葉 …… 1葉
麵粉 …… 1小匙
鮮奶油 …… 1大匙
Gorgonzola起司 …… 10g
巴西利 …… 適量

步驟

如何煎牛排：

1 牛小排從冰箱取出，在室溫下靜置，下鍋前 30 分鐘撒鹽、黑胡椒。

2 選用耐高溫的平底鍋（如不銹鋼鍋、鐵鑄鍋）倒入煙點高的油（如酪梨油、葡萄籽油），熱鍋到開始冒煙的程度，將牛肉擦乾，下鍋煎到表面焦香。

3 接著將牛排翻面，放迷迭香、奶油，拿湯匙將鍋子裡的油脂澆淋到牛排上。

4 如何判斷熟度，請用夾子捏捏看，五分熟時牛肉還會有彈性，放網架上靜置 10 分鐘（讓肉休息，吃起來會較為多汁）。

製作醬汁：

1 用煎牛排的鍋子直接炒洋蔥，以中火炒到透明。

2 放高湯、蘑菇、百里香、月桂葉，煮滾後轉小火。

3 麵粉先加水拌勻，加入鍋中攪拌（增稠用）。

4 放鮮奶油、Gorgonzola 起司，煮到融化，放新鮮巴西利。

放置配菜：

水煮黃肉地瓜、汆燙綠花椰、稍微煎一下的番茄。最後將上述食材裝盤。

Monet Murmur 中

乳酪、牛肉、紅葡萄酒是天生絕配，原本酸澀的紅葡萄酒在這個組合裡會變成甘甜又解油膩。
如果你一直想了解紅酒，但怎麼喝都喝不慣，可能是紅酒被放在錯誤的位置了。
葡萄酒本來就是跟美食搭配的存在，不妨透過這道料理來試試以上的經典組合，或許是愛上葡萄酒的契機，也許會更愛上葡萄酒與料理的組合。

新鮮香草與它們的產地

香草在料理中作為提味，以及最後畫龍點睛的裝飾。適當的運用能為料理加分；錯誤的搭配則讓人皺眉。由於香草這類草本植物受氣候影響大，運輸保鮮的時效短，所以運用時大多具有地緣關係，若是煩惱香草的使用方法，可以依據香草的產地來搭配地方料理，這樣就不會出錯。

從香草的使用，可以判斷出料理屬於的菜系，大致分為法國菜、地中海菜、德國、中歐、東歐菜、北歐菜。

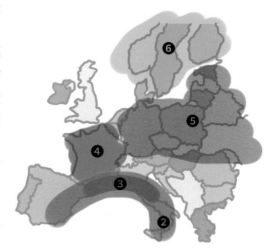

右圖為依照食譜中常出現的香草所畫出的香草地圖。

❶ 巴西利 （Parsley）

巴西利有許多中文別名，包括歐芹、洋香菜、荷蘭芹。同時它也是料理最常見的裝飾。（由於使用範圍最廣，未標示於香草地圖）

❷ 羅勒 （Basil）

羅勒來自陽光充足的地中海，使用於許多地中海料理。因為與九層塔相近，在台灣買不到羅勒時，常會用九層塔代替。

❸ 迷迭香 （Rosemary）

迷迭香產自法國南部、義大利，也常使用在地中海料理，迷迭香小羊排應該是迷迭香最知名的一道菜。

❹ 百里香 （Thyme）

百里香是法國菜的典型調味跟裝飾，幾乎法國菜的肉食在烹調時都會放百里香。

❺ 蒔蘿 （Dill）

蒔蘿耐寒，是典型德國、中歐、東歐料理所使用的香草。例如立陶宛馬鈴薯肉丸、波蘭煎餃的內餡會包入蒔蘿。

❻ 蔓越莓 （Cranberry）
（或越橘 Lingonberry）

由於超級寒冷的北歐地帶，少見香草生長，所以會使用這種極地植物的果醬。其天然怡人的酸味跟味道濃厚的肉食很搭。像知名的北歐肉丸就是搭配這類果醬。

在此，整理一些常見的疑問：

Ⓠ 為何沒有介紹到英國菜？

Ⓐ 基本上英國菜除了豌豆外，不常出現綠色的食材。傳統食譜也很少有蔬菜出現，常見的只有紅蘿蔔、番茄。若是下廚時，想要有綠色點綴，可以放些許的巴西利裝飾。

Ⓠ 上述介紹的香草好少見，該去哪裡購買？

Ⓐ 除了九層塔到處都有，其他的需要花費功夫。通常可以在**進口食材豐富的超市**找到。如果沒有新鮮香草，也能夠購買瓶裝的乾燥香草，不過風味、裝飾效果還是比不上新鮮香草。

Chapter 03

特別專輯：
那些牛肉的事，還有怎麼煎出美味牛排

牛肉在歐、美許多國家是主要肉品，在產銷模式上根據豐富經驗所建立的分級、分類方式，只要掌握這些知識，可以事半功倍地聰明選購，讓你從大量精彩的牛肉食譜中，端出一道又一道的美味佳餚。

挑選牛肉常見的 Q&A

牛肉的分級方式？各國牛肉分級一次搞懂！

在台灣，可以購買到不同國家的牛肉品種，根據相異的牛肉輸入國，會有相應的分級方式，目前主要有以下幾種：

- **日本：**將牛肉區分為 A、B、C 級，指去除內臟、皮之後，從一頭牛身上可取得的食用肉比例，即精肉率。A 級最多（72% 以上）、C 級最少（少於69%）。而 A、B、C 級後的數字則以油花分布、色澤、結構紋理等細微的部分來評斷肉的品質，總共分為 1~5 級，5 為最高級。

- **美國：**由美國農業部（United States Department of Agriculture，USDA）認證，等級從低至高依序為：Standard、Select、Choice、Prime。英文字旁加上「－」、「○」、「＋」是在原有等級再依照油花分布、肉質色澤等進行劃分。

  ⇨ **安格斯牛：**另一種等級稱之「CAB 安格斯認證」，全名是 Certified Angus Beef ®，需有黑安格斯牛血統註冊，並包含養殖品質（Quality）與油花瘦肉比例（Yield）檢驗標準，常見標示為「美國 CAB Prime」等。

  ⇨ **美國和牛：**日本和牛與美國黑安格斯牛進行繁殖培育的牛隻，由日本肉類分級協會（JMGA）評估，以 BMS（大理石油紋均勻程度）分為 1~12等級進行評定，為了讓消費者容易了解，這個分數也會轉為文字等級，由低至高依序為：Choice、Prime Black、Gold。Gold 等級在台灣也常見標示為「美國和牛 9+」。

- **澳洲：**分級標準使用澳洲肉類規格管理局（AUS-MEAT）作為評斷，油花勻稱分數（Marbling Score）從 MS3 ~ MS9，比 MS9 等級高則統一稱為MS9+。

牛肉等級越高越好嗎？適用的料理方式？

牛肉等級不一定越高越好，還是要依照本身偏好的口感和料理方式而選擇。等級高的肉品推薦的料理方式為烤或煎，使用一定熱度的鐵網、平底鍋，立即就能鎖住肉的水分，散發該等級與品種牛肉的香氣，加上些許鹽巴便能帶出肉汁的鮮甜。

以下針對不同品種的牛肉，提供合適的料理方式：

- **日本和牛**：十分適合用於壽喜燒、煎烤。本身牛肉的味道清淡，油脂細膩均匀且熔點低，煮到 3~7 分熟即可享用，完全不用擔心風味過於強烈，害怕生食的人也能輕鬆嘗試。

- **美國牛／和牛**：利用炭烤炙熱的火焰鎖住牛排的肉汁，靜置 5~10 分鐘。當餘溫持續加熱產生肌紅蛋白，會讓內層軟嫩多汁，保有美牛、美和牛的濃郁香氣，滿足喜愛吃肉的族群。

  或是利用燉煮，使得美牛油脂與洋蔥、紅蘿蔔等蔬果完美的融合，產生風味敦厚溫潤的料理，像是咖哩、紅酒燉牛肉、羅宋湯等等品項，是老人與小孩食用也完全沒問題的烹調方式。

- **澳洲和牛**：可以採用與美牛相同的烹飪方式。因為澳洲和牛通常以草飼養殖，所以牛的韻味相較前兩者較獨特，推薦喜歡牛肉風味的人品嘗。

穀飼牛、草飼牛的差異性，又該如何選擇？

穀飼牛與草飼牛最主要的差異在於飼料餵養與環境活動的不同，以下將整理其特性，並提出最適料理方式：

- **穀飼牛**：飼料以穀物類為主，常混合玉米、黃豆、大麥等穀物。活動範圍在牛舍，因為固定餵食與不多的運動量，牛隻生長穩定快速。個頭比草飼牛大隻許多，能形成柔軟與油脂豐富的牛肉質地，產地有美國、日本、台灣等。
  `料理方式建議` 其肉質鮮嫩油脂多汁，滿足日常烹飪。

- **草飼牛**：飼料以天然牧草為主，而牧草會受到氣候的影響，導致產量供應不穩，所以草飼牛飼養時間會比穀飼牛多 10 個月左右。活動範圍是寬闊的草原，擁有足夠的運動量與天然植物的飲食，個頭相較穀飼牛偏小隻卻精壯，能形成扎實有嚼勁，油花含量低的牛肉質地，是健身減脂族群的首選之一，產地有澳洲、紐西蘭等。
  `料理方式建議` 低脂且肉質緊實彈牙感，需掌握火侯，以免過於有嚼勁。

牛肉的退冰與烹調

牛肉的退冰很重要

如果沒有採用適當的退冰方式，就會導致牛肉失去原本的風味和養分，甚至會產生怪味，滋生細菌。以下針對牛肉的退冰，列出需留意的要點：

- **自然退冰：**想品嘗好吃的牛肉風味，建議從冷凍移到冷藏，自然退冰8小時，根據肉的厚度，於料理之前半小時到一小時再放置室溫。

- **退冰避免再冰回冷凍：**退冰環境若比較高溫，容易增生微生物。而且冷凍形成的冰晶，會破壞肉品的細胞結構，冰晶融化後，會帶走肉的風味和養分。因此，退冰後盡快煮來吃，別再冰回冷凍了。

- **退冰後吃不完：**建議加入鹽或醬料醃漬，或直接烹飪成一鍋湯或咖哩，都能延長保存期限。最好還是趁新鮮趕快吃完喔！

- **退冰方式錯誤：**偶爾會有人反應牛肉咬不動、有怪味。當牛肉沒有確實解凍，中心還在冷凍狀態就下鍋，一定會咬不動；而牛肉放在室溫解凍，容易孳生細菌，就會產生怪味。

煎出完美牛排

牛排的表面燒焦、肉汁流失等狀況，是許多人在煎牛排時常會出現的問題。注重細節，才能成就美味的料理。以下提供煎出完美牛排所具備的條件：

- **牛排兩面需擦乾：**從冷藏拿出來的牛排，一定要擦乾雙面的血水，否則容易煎焦表面，也可以避免油爆。

- **鍋子冒煙再下肉：**開中大火熱鍋，熱可以加速梅納反應（Maillard reaction），藉此煎出焦香的牛排，所以不銹鋼鍋、鑄鐵鍋是最理想的選擇。不沾鍋較無法達到高溫，效果會略遜於前者。

- **火轉小再放奶油：**奶油的耐熱度低，千萬不能當作油使用，一定會燒焦！如果想增加奶油或香草風味，記得等到牛排雙面都微焦，再放入。

- **牛排煎好後，先靜置：**好吃的肉要耐心等待，靜置很重要。大約等待5~10分鐘，讓肉汁回流，就可以開動了！

專欄主筆介紹

Mic
曾擔任知名居酒屋主廚，實戰經驗豐富，目前為食食肉舖創辦人兼執行長。

美式烤牛排

美式牛排大多會直接品嘗牛肉原味，畢竟美國牛肉確實好吃。烹煮時，許多美式食譜會提醒要使用溫度計，而歐式食譜則較少使用（美：科學標準，歐：注重經驗）。美式牛排的烹調步驟簡單，但講究食材，只要選購得宜，就可以吃到不錯的牛排。

▍食材 （1人份）

紐約客牛排 …… 280g（約10盎司）
高煙點的油（如酪梨油、葵花仔油）…… 1大匙
無鹽奶油 …… 10g
鹽之花或粗海鹽 …… 1/2小匙

▎步驟

1 將 3cm 厚的紐約客牛排放於室溫靜置，擦乾後，撒粗海鹽、黑胡椒。

2 使用條紋鑄鐵鍋（或不鏽鋼鍋、一般平底鑄鐵鍋），倒入高煙點的油，熱鍋到開始冒煙。

3 放入牛排，以中大火煎 2 分鐘，換面煎 2 分鐘，翻面，上面放奶油。

4 繼續煎 1 分鐘後測溫度，到達希望的溫度就立刻起鍋（三分熟 52℃，五分熟 57℃），過程中可再適度翻面。

5 將步驟 **4** 的牛排移到網架上，蓋上錫箔紙，放置 10 分鐘。

6 裝盤時，撒上鹽之花即完成。

將恢復至室溫的牛排擦乾，撒粗海鹽、黑胡椒。

使用條紋鑄鐵鍋煎牛排。

使用探針式溫度計量中間的溫度。

法式黑胡椒牛排

歐式牛排會有較多調味及濃郁醬汁，醬汁的重要性甚至高於牛排本身。這道經典的法式黑胡椒牛排（Steak au Poivre），黑胡椒分量多，而且是新鮮粗磨、嗆辣夠味，再搭配濃厚奶油、白蘭地、紅蔥、高湯熬煮的醬汁，喝上一杯紅葡萄酒，解油膩又甘甜順口。

▌食材 (1 人份)

牛排 …… 180g
紅蔥 …… 3顆
白蘭地 …… 1大匙
高湯 …… 1/2杯
鮮奶油 …… 1/2杯
高煙點的油（如酪梨油、葵花仔油）…… 1大匙
奶油 …… 20g

混色（黑、紅、白）
胡椒（也可只用黑色胡椒）…… 1大匙
綠胡椒（乾的）…… 1/2大匙
粗海鹽 …… 1/2大匙

配菜：
馬鈴薯 …… 1顆
巴西利 …… 適量

| 步 驟

1 牛排擦乾，兩面撒上足夠的粗海鹽，將牛肉放到粗磨的胡椒粒上，輕壓牛肉，讓胡椒粒沾附肉上，然後翻過來。

2 使用耐高溫的鍋子（不鏽鋼鍋、鑄鐵鍋），放高煙點的油，熱鍋到開始冒煙。以中大火煎牛排到底面變脆（約 3~5 分鐘），小心翻面別讓胡椒粒掉了。放奶油，用湯匙舀起澆淋到牛排上（約 3~5 分鐘），然後煎側面（每面約 1 分鐘），放網架上，進烤箱 70℃ 靜置兼保溫。

3 醬汁製作：
同一鍋倒掉多餘的油，放切碎的紅蔥，加鹽調味，煎 1 分鐘，放綠胡椒，離火加白蘭地（不離火會燒起來），開中小火把酒精煮至揮發掉，加高湯煮滾，放鮮奶油煮到濃稠（約 10 分鐘）。

4 裝盤時，搭配水煮馬鈴薯，撒上鹽巴、巴西利，調味即完成。

使用的食材，其中綠花椰、蘋果是其他配菜。

牛肉放在胡椒上輕壓（左上），然後翻過來（右下）。

Chapter 04

法國鄉村

法國料理一向給人十分昂貴、需要盛裝出席、非常講究排場的印象，其實這只是法國菜的一個面向，那是屬於宮廷、貴族、中產階級（以上）正式場合的餐點。平常老百姓的每日三餐，既不可能費心張羅昂貴稀有的食材，也沒時間去完成複雜的烹調程序，所以請放心，這裡介紹的法國菜譜，你絕對可以吃得起，完成得了。不過，法國菜譜的步驟真的較多，手法也較精密細緻，挑戰陌生食譜可能會頭痛萬分，但成功的話，能品嘗到美味成果，又會讚嘆世間怎麼會有這麼好吃的料理！

法國菜的基本調味料、食材

法國跟義大利接壤，因此，在料理的製作上彼此有深厚淵源，「富裕北義」裡面所使用的調味料、食材基本都適用，以下將介紹屬於法國風味的食材。

▌奶油

要煮出法國菜的精髓，使用的油品建議以奶油為主，而且要選擇法國奶油，其經過發酵程序，脂肪含量也稍高，煮出來風味較佳。**一般超市或大賣場**即可買到。

▌鮮奶油

常用在製作醬汁上，拌入後，能讓醬汁具有奶脂風味，且變成好看的乳白色。買常見的 Whipping Cream（脂肪30%以上）即可，**一般超市或大賣場**都可買到。

▌法式芥末醬（也稱作第戎芥末醬）

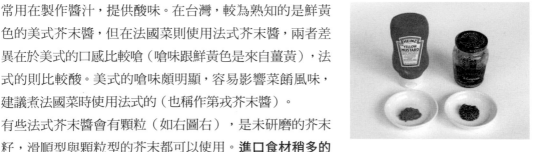

常用在製作醬汁，提供酸味。在台灣，較為熟知的是鮮黃色的美式芥末醬，但在法國菜則使用法式芥末醬，兩者差異在於美式的口感比較嗆（嗆味跟鮮黃色是來自薑黃），法式的則比較酸。美式的嗆味頗明顯，容易影響菜餚風味，建議煮法國菜時使用法式的（也稱作第戎芥末醬）。

有些法式芥末醬會有顆粒（如右圖右），是未研磨的芥末籽，滑順型與顆粒型的芥末都可以使用。**進口食材稍多的超市**可以買得到，有用到再買即可。

▶ ㊧ 美式芥末醬　㊨ 法式芥末醬

果醋

常用在醬汁，提供新鮮的水果酸味。蘋果醋在盛產蘋果地
區的地方菜常用到，紅酒醋則偶爾出現在食譜上。**進口食
材豐富的超市**可買到，有用到再買即可。

▶ 左 紅酒醋　右 蘋果醋

常用到的香草（乾燥）

迷迭香：法國南部的普遍香草，當地的菜餚常使用得到。

百里香：法國菜最常使用的香草，煮法國菜必備。

月桂葉：常用在高湯、醬汁。月桂葉與百里香可以說是法國菜的基本風味，煮法國菜必備。

茴香籽：茴香是法國南部的常見作物，偶爾會用到茴香籽煮法國菜。

巴西利（洋香菜）：巴西利是萬用香草，大部分歐式料理都可使用，因為運用的場合多，推
薦購入備用。

以上都在**一般超市或大賣場**即可購得，不過各超市或賣場鋪貨的品牌不同，有時要多跑幾
家。

配餐的葡萄酒——
從等級、季節與產區來選擇

精心製作料理後，為了給自己或是與朋友擁有更佳的美食體驗，想要搭配合適的法國葡萄酒，卻總是站在一瓶瓶的葡萄酒前躊躇不前，不知該如何挑選嗎？

餐酒搭配的基本原則為，酒體從輕盈到渾厚、酒的顏色從白到紅、白肉配白酒，以及紅肉配紅酒。妥善的餐酒搭配可以提升料理的美味，達到相輔相成的效果。任何細微的因素都會影響葡萄酒的挑選，可從以下的基本挑選原則開始。

等級

在法國，將葡萄酒分成三種等級，也是挑選葡萄酒時第一個使用的指標。

- **法國餐酒 Vin de France（VdF）**：只要是法國生產的葡萄酒都可以歸類在此級別。相較其他等級，價錢平價、醇厚度和香氣簡單。

- **地區餐酒 Indication géographique protégée（IGP）**：依據地區法規葡萄藤的種植、釀造過程有所不同。例如，法國南部最常見的 IGP Pays d'Oc。

- **法定產區管制 Appellation d'origine contrôlée（AOC）**：所有的生產程序都有法律嚴格控管，甚至包含最低酒精濃度和收穫量。例如，符合勃根地（Bourgogne）產區法律的葡萄酒，就會標示為 Appellation Bourgogne Contrôlée。如果同時符合勃根地中夏布利（Chablis）產區的法律，則會標示為 Appellation Chablis Contrôlée。此等級的葡萄酒相對優質，由於產量較少，價格也較高。

了解法國葡萄酒的分級後，能再依據季節以及產區選擇合適的酒搭配料理。

季節

春天／夏天：天氣炎熱時，可以選擇清爽微酸的干型白酒、粉紅酒。如果喜好紅酒的人，則可以選擇偏果香、酒體輕盈的紅酒來做搭配。

- **白酒**：波爾多 AOC Entre-Deux-Mers。

- **粉紅酒**：普羅旺斯 AOC Côtes de Provence。

- 紅酒：薄酒萊 AOC Beaujolais。

秋天／冬天：天氣涼爽時，可以選擇酒體中至厚、儲放在橡木桶陳年的干型白酒、紅酒，或是選擇甜酒來做搭配。

- **白酒**：教皇新堡 AOC Châteauneuf-Du-Pape。
- **紅酒**：波爾多 AOC Bordeaux。

產區

透過產區來挑選餐酒也是經常使用的方法，大部分的米其林餐廳都會以此作為依據，選擇合適的葡萄酒。

- **勃根地的紅酒燉牛肉**：勃根地紅酒 AOC Bourgogne。
- **勃根地奶油白酒焗雞**：勃根地白酒 AOC Bourgogne。
- **諾曼地奶油蘋果豬排**：干型白酒、粉紅蘋果氣泡酒 Cidre、洋梨氣泡酒 Poiré。
- **馬賽魚湯**：普羅旺斯粉紅酒 AOC Côtes de Provence。
- **阿爾薩斯酸菜醃肉香腸鍋**：阿爾薩斯白酒 AOC Alsace。

另外，清爽的料理所搭配的酒不要太厚重；醬汁濃厚的料理所搭配的酒要相對飽滿。善用上述簡單的挑選原則，餐酒搭配不如想像中困難！

如果想破頭還是無法挑選葡萄酒，就選擇百搭的酒款「干型氣泡酒」吧！例如，法國的香檳或是西班牙的 CAVA，搭配起士也是絕配。

如果要搭配的是甜點就選擇「半干型氣泡酒」（Demi-sec），氣泡酒中輕盈的氣泡有助於解膩。

接下來，本章節會在合適的料理中列舉搭配葡萄酒的實例。

專欄主筆介紹

Lily
侍酒師，具有法國的侍酒師文憑，足跡遍及各葡萄酒產區。常在社群上分享第一手葡萄酒資訊。目前旅居法國。（Instagram：@lily_coucou_0928）

法式洋蔥雞

(佐) 沙拉、麵包、白葡萄酒

這是一道做法簡單的法國菜，而且是方便的一鍋料理，初次挑戰法國菜就從這道開始。具備法國菜的常見特徵：奶油、中小火炒洋蔥、百里香、蘑菇、高湯，別看食材平凡，步驟似乎也不難，其實，超級好吃！

食材 （3 人份）

雞胸肉 …… 3塊
洋蔥 …… 1顆
蘑菇 …… 6顆
蔥 …… 2根
Gruyère 起司
（或 Emmental 起司） …… 3片
奶油 …… 10g
麵粉 …… 2小匙
高湯 …… 2杯
百里香 …… 2支
月桂葉 …… 1片
鹽、黑胡椒、百里香（乾燥）、
橄欖油 …… 適量

步驟

1 雞肉撒鹽、黑胡椒、百里香，平底鍋倒入橄欖油，以中火將雞肉煎到聞到香味（不用全熟），拿起。

2 同一鍋加入奶油、橄欖油，中小火炒洋蔥絲 15 分鐘；撒麵粉，炒勻。

3 於步驟 2 加入 2 杯高湯、百里香、月桂葉、鹽、黑胡椒，煮滾。

4 放回雞肉，加入蘑菇，轉小火煮 15 分鐘。

5 將 Gruyère 起司（格呂耶爾起司）放到雞肉上，撒蔥、黑胡椒即完成。

酸黃瓜洋蔥醬汁豬排

佐 白葡萄酒、法國麵包

油煎過的豬排搭配好幾種酸味食材（白酒、酸黃瓜、芥末醬），煮到一半不禁思考如此酸的組合，不用加糖嗎？到時候會不會一邊吃一邊被酸到掉淚？結果酸味與奶油、還有豬肉本身的油脂搭配得很好，非常美味。

▌食材（1人份）

松阪豬肉 …… 200g
橄欖油 …… 1大匙
奶油 …… 10g
洋蔥 …… 1/4顆
白葡萄酒 …… 1/2杯（125ml）
高湯 …… 1/2杯（125ml）
第戎芥末醬 …… 1小匙
酸黃瓜 …… 20g
整粒黑胡椒 …… 10粒

▌步驟

1 鍋中加入橄欖油、奶油，以中大火煎豬排，兩面各煎5分鐘，起鍋，放入70℃烤箱保溫。

2 同一鍋以小火炒切碎的洋蔥到金黃色（慢慢炒大約20分鐘），倒白葡萄酒後，轉中火煮到收汁。

3 接著加入高湯煮滾，再轉小火加第戎芥末醬、15g切成細條的酸黃瓜（不用煮滾，否則酸味會跑掉）。

4 裝盤： 將醬汁跟酸黃瓜條鋪底，依序放上豬排，撒5g切成小丁的酸黃瓜、整粒黑胡椒。

諾曼第奶油蘋果豬排

（佐）白葡萄酒、法國麵包

法國的諾曼第號稱「蘋果王國」，而隔壁的布列塔尼則是豬的數量比人還要多，端出這道鄉土料理也是理所當然。這道是秋天蘋果收成時的菜餚，法國菜常使用大量奶油及鮮奶油，利用蘋果的天然酸味來平衡油膩感。不僅很有地方特色，而且清新可口。

▌食材 （1人份）

蘋果 …… 4顆
豬里肌肉排 …… 1片（約1.5cm厚）
鮮奶油 …… 150ml
白蘭地 …… 30ml
無鹽奶油 …… 50g
鹽、黑胡椒、
百里香（新鮮、乾燥皆可） …… 適量
球芽甘藍（或視喜好準備其他蔬菜，用於點綴）
…… 6顆

諾曼第奶油蘋果豬排使用的食材。

| 步驟

1 **製作蘋果汁：** 取出 3 顆蘋果的果肉，再以攪拌器或果汁機搗成泥，用濾袋過濾，製成蘋果汁。也能以市售天然蘋果汁取代，只是新鮮、爽脆的口味略遜現榨蘋果汁。

2 將 1 顆蘋果去皮去核，切塊後置於一旁備用。

3 平底鍋內放油熱鍋，以中火將豬排煎到表面微焦後取出，置於一旁備用。

以中火將豬排煎到表面微焦。

4 將蘋果汁倒入鍋內煮滾後轉小火，加入鮮奶油煮勻，再將豬排放回鍋內，以小火 15 分鐘煮到軟。

5 熄火倒入白蘭地（不熄火的話白蘭地會燃燒起來）。開小火，加入適量鹽、黑胡椒調味。

6 另起一鍋，放入無鹽奶油熱鍋，再放入蘋果塊以中小火煎到軟。

用奶油將蘋果塊煎到軟。

7 再另起一鍋，倒入橄欖油熱鍋，以中小火將球芽甘藍煎熟。

8 將豬排與蘋果裝盤，撒百里香，搭配球芽甘藍。

侍酒師 Lily 的餐酒搭配建議

- **蘋果氣泡酒 Cidre ／洋梨氣泡酒 Poiré：** 諾曼地盛產的蘋果和洋梨，除了製作果汁之外，其餘會拿來釀酒。當地產出的蘋果氣泡酒區分為甜的（Doux），適用於搭配法式可麗餅或是下午茶；干型氣泡酒（Sec）則適用於搭配餐點。蘋果酒微酸的尾韻與微微的氣泡感，跟鮮奶油的醬汁能達到完美的搭配。此外，諾曼地的洋梨氣泡酒喝起來比蘋果氣泡酒的香氣更加細緻。

- **普伊芙美 AOC Pouilly-Fumé：** 位於法國羅亞爾河東岸的普伊芙美（Pouilly-Fumé）是種植白蘇維翁（Sauvignon blanc）的葡萄酒法定產區。白蘇維翁是一種帶酸又芳香型的葡萄品種，具有白花加上柑橘的香氣，加上此產區特有的燧石（Silex），賦予葡萄酒更有層次的礦石香氣，圓潤的酒體。

勃根地奶油白酒焗雞

佐 白葡萄酒、法國麵包

這道佳餚的發源地是法國勃根地的城市第戎（Dijon）。烤過的雞肉外脆內嫩，融化的起司香濃可口，白葡萄酒和芥末醬帶著怡人的酸味，用稍微烤過的法國麵包沾著醬汁吃，美味！

▎食材 （1人份）

帶骨雞肉（任何帶骨部位皆可）…… 250g
黑胡椒、甜椒粉 …… 適量
洋蔥 …… 1/4顆
蘑菇 …… 5顆
白葡萄酒 …… 1/2杯（125ml）
鮮奶油 …… 1/2杯（125ml）
Comté（康提）起司 …… 15g
第戎芥末醬 …… 1小匙
巴西利 …… 適量

勃根地奶油白酒焗雞使用的食材。

┃步 驟

1 將雞肉煎至表面金黃，撒黑胡椒、甜椒粉，翻炒均勻上色，取出。

2 利用同一鍋炒香切碎的洋蔥，加整顆蘑菇、白葡萄酒、鮮奶油，放入雞肉，煮滾。

3 取出步驟 **2** 的雞肉跟蘑菇，雞肉撒上起司，放到預熱 160℃的烤箱，烤 8 分鐘，至起司融化。

4 將洋蔥與步驟 **2** 醬汁用果汁機或攪拌棒打成泥，加芥末醬拌勻後，小火煮到濃稠。

5 裝盤時，放入雞肉、蘑菇、醬汁，撒巴西利。

將雞肉煎至表面金黃。

最後將全部食材一起煮滾。

食材
取得

芥末醬；第戎是芥末醬知名產地，第戎芥末醬也幾乎同義於法式芥末醬，這道食譜建議使用第戎芥末醬。

白葡萄酒；第戎也是白葡萄酒知名產地，酒標上產區為夏布利（Chablis）。能於**進口食材豐富的超市**購買，價格稍高（新台幣 600 元以上）。

起司：依照法國菜的習慣，建議使用康提（Comté）或格呂耶爾（Gruyère）起司。在台灣不算好取得，有可能在**進口食材豐富的超市**購得，尤其是有專人服務的起司專櫃。萬一都買不到，可使用較常見的埃曼塔（Emmental）起司。

🍷 侍酒師 Lily 的餐酒搭配建議

勃根地白酒／氣泡酒 AOC Bourgogne

在料理時，使用了勃根地最北邊的夏布利產區所生產的酒。因此在佐餐時，依舊選擇勃根地所產出的葡萄酒。葡萄品種主要是夏多內（Chardonnay），風味高酸帶著青蘋果的香氣，可以與料理中使用的奶油與起士達到完美的平衡。

另外，勃根地不只有紅白酒，如果料理中途不小心把酒喝光了，還需要第二瓶的時候，也可以選擇氣泡酒 Crémant De Bourgogne。該氣泡酒和香檳擁有類似的滋味，價錢卻親民許多。

蘑菇小里肌 波特酒

（佐）白葡萄酒

鮮嫩細緻的豬小里肌用奶油煎香，搭配波特酒（葡萄牙的甜味葡萄酒）與鮮奶油、蘑菇熬煮的醬汁，同時具有甜感、果香、奶香、肉汁，非常美味！黃肉蕃薯（台農57號）感覺很台灣鄉土，卻能帶出歐式醬汁的滋味。

▌食材（1 人份）

豬小里肌 ⋯⋯ 200g
蘑菇 ⋯⋯ 10顆
橄欖油 ⋯⋯ 1大匙
無鹽奶油 ⋯⋯ 10g
波特酒 ⋯⋯ 1.5匙
（也可使用白蘭地，記得倒入鍋中時要熄火或離火，否則會起火）
鮮奶油 ⋯⋯ 1杯
高湯 ⋯⋯ 1杯
鹽、黑胡椒、麵粉 ⋯⋯ 適量
麵粉 ⋯⋯ 1大匙
配菜（黃肉蕃薯、烤青花筍）
⋯⋯ 隨意

▌步驟

1 蘑菇切半，用奶油中大火煎，加鹽，煎到棕色、出水，取出。

2 將豬小里肌切成 5cm 的肉塊，撒鹽、黑胡椒，裹薄麵粉，用橄欖油與奶油中火兩面各煎 5 分鐘，側邊煎 1 分鐘，拿起，放入 70℃烤箱保溫。

3 醬汁製作：同一鍋倒入波特酒煮到收汁，放鮮奶油煮到濃稠，再加高湯煮到濃稠，加鹽、黑胡椒調味，步驟 **1** 蘑菇放回稍滾一下。

4 裝盤時，搭配煮熟的黃肉蕃薯、烤青花筍。

 食材取得｜波特酒在**一般超市或大賣場**有販售，算是易於購入的葡萄酒，價格約從新台幣500元起跳，以料理需求來說，挑便宜的即可。

勃根地紅酒燉牛肉

這道經典料理原本是勃根地的鄉村菜，多年來經過大廚們不斷改進，每個步驟與順序都搭配的十分巧妙。不過，也與其他知名菜餚一樣，會有各種衍生或簡化版本，風味也差異甚遠，如果有機會吃到傳統工序的菜，一定會讚歎不已。

▌食材 （4人份）

牛骨高湯：
牛骨 …… 500g
洋蔥 …… 1顆
紅蘿蔔 …… 1根
橄欖油 …… 1大匙
西洋芹 …… 1/4顆
大蒜 …… 1/2顆
巴西利 …… 適量
月桂葉 …… 2片
整粒黑胡椒 …… 10顆

紅酒燉牛肉：
牛肉（使用適合熬煮的瘦肉，
如肩胛肉或前腿肉） …… 600g
鹽、黑胡椒 …… 適量
培根 …… 50g
洋蔥 …… 1顆
紅蘿蔔 …… 1根
麵粉 …… 1大匙
勃艮地紅葡萄酒 …… 3/4瓶（約550ml）
百里香 …… 適量
月桂葉 …… 2片

大蒜 …… 1/2顆
番茄糊 …… 1大匙

裝飾及配菜：
迷你蘿蔔 …… 10根
蘑菇 …… 1盒（約200g）
珍珠小洋蔥 …… 20顆
高湯 …… 1杯（250ml）
奶油 …… 10g
糖 …… 10g
百里香 …… 適量

（食材取得）珍珠小洋蔥、迷你蘿蔔這些法國菜使用的裝飾食材在台灣不算常見，而且有季節性因素，可到**進口食材稍多的超市**找找。

▍步驟

1 ‖ 牛骨高湯製作：‖ 撒 1 大匙橄欖油於牛骨、洋蔥、紅蘿蔔，放進 200℃烤箱烤 45 分鐘。接著，移到湯鍋，加滾水，放入西洋芹、大蒜、巴西利、月桂葉、黑胡椒粒，中小火煮 3~6 小時（可以分天煮，如每天煮 1 小時，共 3 天。冬天靜置時可以放室溫，夏天則要放涼後冷藏）。

2 使用適合熬煮的牛瘦肉，若使用冷凍牛肉的話，請前一天移到冷藏慢慢退冰，料理前半小時取出恢復室溫。將牛瘦肉切塊，撒鹽、黑胡椒，靜置 15 分鐘。

3 培根切丁（約 1cm 大小）油炒，取出。利用同一鍋煎牛肉到每一面微焦，取出。再用同一鍋炒洋蔥、紅蘿蔔，炒到表面微焦。

4 放回牛肉、培根，加入麵粉炒一下（增稠用，比例可以抓肉：粉 ＝ 1 公斤：1.5 匙），倒入勃根地紅酒跟牛骨高湯（分量相同，需要蓋過肉），放百里香、月桂葉、大蒜、番茄糊，煮滾後轉小火煮 1 小時。

5 ‖ 裝飾用：‖ 將迷你蘿蔔削皮切段，最後 10 分鐘放入鍋內一起煮；蘑菇切大塊，最後 5 分鐘放入。

6 ‖ 裝飾用：‖ 珍珠小洋蔥在另一鍋大火炒到表面微焦，放高湯、奶油、糖煮熟（奶油跟糖會讓表面油亮好看）。

7 ‖ 裝飾用：‖ 裝盤時，撒上百里香即完成。

準備進烤箱烤的牛骨，烤完用來熬煮高湯。

牛肉燉煮前，請先用油煎過。

完成的燉牛肉。

Monet Murmur 中 ———

這道食譜與台灣常見的簡易版煮法，有以下差異：

● **牛肉的挑選**：建議適合熬煮的牛瘦肉，像是肩胛肉或前腿肉，有別於台灣燉煮時，常用帶筋或帶油的牛肋、牛腩。

● **牛骨高湯的重要性**：煮過幾次簡易版後，發現缺少熬牛骨高湯的步驟，成品就少了風味。把時間都花在熬煮高湯，十分值得（據說有這樣的俗諺：高湯熬的好，老婆或老公不會跑）。

● **寒冷氣候的食材**：勃根地緯度高，會使用容易儲存的番茄糊，而不是新鮮番茄，其他常見食材也都是為耐寒、耐儲存的洋蔥、紅蘿蔔、大蒜等。

● **紅酒的分量**：必須加到足夠，因為位於葡萄酒產區，不夠多的話葡萄酒風味便不濃厚。

● **裝飾**：雖然已經放入洋蔥、紅蘿蔔熬煮，但是為了擺盤美觀，會另外增加適合擺飾的配料，這裡使用珍珠小洋蔥跟迷你蘿蔔。

侍酒師 Lily 的餐酒搭配建議

● 勃根地紅酒 AOC Bourgogne

簡單又不會出錯的餐酒搭配方法是同產地搭配。由於料理時使用了勃根地的紅酒和牛肉長時間燉煮，佐餐時也能搭配勃根地紅酒飲用！請新開一瓶，因為被打開的酒如果沒有進行充氮密封的保存，隔天就會失去原本的風味。

建議可以選擇 AOC Bourgogne（價格最親民）、AOC Hautes de Côtes de Nuits、AOC Hautes Côtes de Beaune，三者都是符合勃根地「省」級別的酒。

若預算高一點的話，可以選擇「村莊」級別的 AOC Côte de Nuits 或是 AOC Côte De beaune，其香氣和酒體會更加的飽滿。「村莊」這個級別中品質更好的酒，會再加註村名，像是尼伊聖喬治（Nuits-Saint-Georges）、沃訥-羅馬內（Vosne-Romanée）、武若（Vougeot）、薩維尼萊博訥（Savigny-Lès-Beaune）。

小小題外話，全世界最貴的紅酒就來自勃根地的夜丘（Côte de nuits）中的特級園羅曼尼‧康蒂（La Romanée-Conti）。

● 薄酒萊 AOC Beaujolais

薄酒萊新酒是許多人常聽到的一款酒，其產區緊鄰著勃根地南部的產區。葡萄品種是加美（Gamay），主要的特色是果香濃厚、酒體輕盈，以及帶有泡泡糖的香氣。另外，品質特好的產區 Moulin-à-Vent，酒會帶有非常細膩的木質煙燻香氣，酒體也相對飽滿，很適合用來搭配紅酒燉牛肉。

● 教皇新堡紅酒 AOC Châteauneuf-du-Pape

生產於隆河（Rhône）南部的產區，是教皇在夏天的避暑之地，也是法國最古老的五個葡萄酒產區之一。

這個產區最特別的是可以混合13種葡萄品種，紅酒中最常見的品種是歌海娜（Grenache）、西拉（Syrah）和慕維得爾（Mourvèdre）。通常混合後會以舊橡木桶陳年才裝瓶，酒體飽滿加上單寧，釀酒時間不長時，常會帶有豐富的果香味，像是櫻桃或是無花果的風味，陳年後才會有丁香、肉荳蔻的香氣。

法國人常說，如果不知道要買什麼酒送給朋友的話，就帶一瓶 Châteauneuf-du-Pape 去吧！

白醬燉小牛肉

佐 白葡萄酒、法國麵包

這是屬於春天的料理，美味的小牛肉在這時候上市，與蔬菜一起燉煮，利用精華的湯汁製作奶油白醬，口感溫和又多層次，同時品嘗肉汁、蔬菜甜味、滑順奶香、細嫩的肉質，在乍暖還寒的春天享受當季的佳餚。

▌食材 （2人份）

小牛肉及肉湯：
（使用約2.5L湯鍋）
帶骨小牛肉 …… 6支
胡蘿蔔 …… 1根
洋蔥 …… 1顆
蔥（只要白色部分）…… 1根
丁香 …… 2顆
肉豆蔻粉 …… 1/4小匙
胡椒粒 …… 1/2小匙
百里香 …… 1/4小匙
月桂葉 …… 2片

白醬：
奶油 …… 30g
麵粉 …… 30g

裝盤組合：
鮮奶油 …… 50g
蛋 …… 2顆（只需蛋黃）
鹽、黑胡椒 …… 適量
百里香、蒔蘿 …… 適量

裝飾及配菜：
迷你蘿蔔 …… 6根

蘆筍 …… 4根
奶油 …… 20g（分為10g、10g使用）
糖 …… 1小匙
鹽 …… 1小匙
蘑菇 …… 10顆
檸檬 …… 1/4顆（取出檸檬汁）
鹽、黑胡椒 …… 適量

小牛肉：目前沒在各大超市看過，這次的帶骨小牛肉是向肉商網購的，網路搜尋即可找到。

迷你蘿蔔：在台灣不算常見，而且有季節性因素，可到**進口食材豐富的超市**找找。

丁香、肉豆蔻粉：**進口食材豐富的超市**會有。

▌步 驟

1 小牛肉及肉湯製作：

小牛肉從冷水開始煮，沸騰後撈掉表面泡沫，
放胡蘿蔔、洋蔥、蔥白、丁香（2 顆就好，釘在
洋蔥上）、肉豆蔻粉、胡椒粒、百里香、月桂葉，
中小火燉煮 30 分鐘。將小牛肉取出，濾出肉湯。

2 裝飾用：

迷你蘿蔔先在 3~5% 的鹽水煮 15 分鐘。接著，
重起一鍋，將迷你蘿蔔與蘆筍放入 250ml 肉湯、
加上奶油、糖、鹽，蓋上烘焙紙煮 5 分鐘（奶
油跟糖可以幫蔬菜上一層漂亮的透明層）。

燉小牛肉使用的食材。

3 用平底鍋以奶油炒蘑菇，加入檸檬汁、鹽、黑
胡椒。

4 白醬製作：

奶油、麵粉過篩後，以小火慢慢炒勻，分幾次
放入 500ml 肉湯，持續攪拌 10 分鐘。

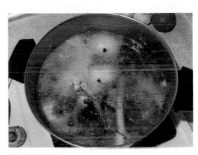

熬煮肉湯中。

5 裝盤組合：

將小牛肉跟白醬以小火煮 5 分鐘，離火。另外
拌勻鮮奶油以及蛋黃，加入鍋中，加鹽、黑胡
椒調味。

6 裝盤時，放入步驟 **5** 的白醬與小牛肉、裝飾的
蔬菜、蘑菇，撒百里香、蒔蘿。

Monet Murmur 中 ————————————————

烹飪法國菜時，常需要留意一些細節，第一次煮失敗是很正常的事，以下是這道菜可能會失敗
的地方：

① 拌入蛋黃時溫度太高

因為蛋黃不耐高溫，拌入時要離火，否則會瞬間凝固，蛋黃醬變成蛋花。

② 製作白醬時沒依照分量

由於麵粉煮大約 5 ～ 8 分鐘後，會吸收湯汁與膨脹，最好依照食譜分量料理，否則一開始麵粉
還沒膨脹，不小心放入太多，以致太過濃稠，然後拼命加水，最後製作出遠超過所需的誇張分
量。

③ 放太多丁香

丁香的味道很重，使用時都是以粒計算，所以大廚會把丁香釘在洋蔥上，這樣自然就不會放太
多。如果放得很慷慨的話，會得到一鍋丁香風味的中藥湯。

紅酒醬牛排 ㊧ 紅葡萄酒、法國麵包

紅葡萄酒與牛排向來是經典搭配，紅葡萄酒的澀味搭配牛排的肉汁，會變得甘甜順口、肉質軟嫩。
由紅葡萄酒製作而成的醬汁與牛排十分契合，搭配著薯泥也非常可口，可用麵包沾取醬汁後一掃
而空，令人回味無窮。

▌食材 （1人份）

蘑菇紅酒醬：
豬培根片 …… 50g
紅蔥 …… 5顆
紅葡萄酒 …… 1/2杯（125ml）
鴻禧菇（或蘑菇）…… 50g
奶油 …… 20g

牛排與配料：
牛肉（適合做牛排的皆可）…… 200g
馬鈴薯 …… 1顆
鮮奶油 …… 40g
鹽 …… 1小匙
綠花椰 …… 1/4顆
黑胡椒 …… 適量

▌步 驟

1 蘑菇紅酒醬製作：

中大火炒培根到焦香，放切碎的紅蔥炒到金黃，加紅葡萄酒煮到收汁，加高湯煮到蒸發一半的分量，濾出醬汁，放鴻禧菇煮10分鐘，熄火，拌入奶油，讓醬汁呈濃稠狀。

2 牛排製作（可依照個人喜好）：

使用耐高溫的鍋子（不鏽鋼鍋、鑄鐵鍋），倒入發煙點高的油，熱鍋到開始冒煙。以中大火煎牛排到底面變脆（約 3~5 分鐘），翻面後，放奶油，用湯匙舀起澆淋到牛排上（約 3~5 分鐘），再煎側面（每面約 1 分鐘），放上網架，進 70℃烤箱靜置兼保溫。

3 馬鈴薯泥製作：

將馬鈴薯煮熟壓成泥，與鮮奶油、鹽拌勻。

4 綠花椰製作：

牛排取出後用同一鍋煎，煎至可食用的脆度即可。

5 將牛排與配料裝盤，淋上蘑菇紅酒醬，撒黑胡椒。

Monet Murmur 中

在烹調法國菜時，可以明顯感覺法國真是個注重吃、又富裕很久的國家，例如將一整條魚下鍋只為了取湯汁；或是像這道為了製作醬汁所放入的培根，煮過後就丟棄。醬汁豐富的味道都是大廚從食材裡萃取出來的精華，因此，有機會當面稱讚大廚時，不妨這樣：「齁！從沒吃過這麼好吃的醬汁，大廚您好厲害！」。

櫻桃醬嫩煎鴨胸

鴨胸肉除了常與柳橙搭配，其實與櫻桃的組合也很讚。鴨胸肉可以不用煮到全熟，而外皮油脂豐富，可以煎到表面焦香、內部依然軟嫩，搭配的醬汁以櫻桃、巴薩米克醋、奶油製作，味道酸甜香濃，風味有層次又巧妙平衡。

▍食材 （1人份）

櫻桃醬汁：
櫻桃 …… 15顆
糖 …… 15g
檸檬 …… 1顆
巴薩米克醋 …… 75ml
高湯 …… 100ml
蜂蜜 …… 5ml

水 …… 15ml
奶油 …… 15g
鹽、黑胡椒 …… 適量

鴨胸以及配料：
鴨胸肉 …… 200g
馬鈴薯 …… 1顆
奶油 …… 10g

蘆筍 …… 3支
小番茄 …… 6顆
迷迭香 …… 1支

步驟

櫻桃醬汁製作：

1 將櫻桃去籽（可用不鏽鋼吸管將櫻桃籽推出），鍋中放糖、水 15ml，糖融化後放櫻桃小火煮 6~8 分鐘，再加半顆的檸檬汁。

2 另起一鍋，放巴薩米克醋、高湯、蜂蜜，小火煮到剩 1/3 的量；加鹽、黑胡椒調味。

3 以上混合，小火煮 5 分鐘，熄火放奶油，拌勻。

櫻桃醬嫩煎鴨胸使用的食材。

鴨胸以及配料製作：

1 將鴨胸皮面畫交叉線，只切皮不切到肉；皮面撒黑胡椒，肉面撒鹽。皮面向下於冷鍋中火煎 8 分鐘，翻面煎 2 分鐘，側面煎 30 秒。

2 煎好的鴨肉放 180℃烤箱烤 7 分鐘；取出後包鋁箔紙，靜置 7 分鐘，就完成完美不見血的三分熟鴨胸肉！

煎好的鴨胸肉，呈現漂亮的粉色。

3 用剛剛剩餘的鴨油煎馬鈴薯，放奶油 10g 增加香氣，再以 180℃烤 10 分鐘。

4 裝盤時，鴨肉切片，再倒入煮過的櫻桃及醬汁；搭配馬鈴薯、炒蘆筍、炒小番茄；用迷迭香裝飾。

 侍酒師 Lily 的餐酒搭配建議

這道菜可搭配隆河谷 Côte-du-Rhône Syrah Grenache 或波爾多 Pomerol。

鴨胸是一種香氣與油脂豐富、肉質較於結實，櫻桃給這道菜帶來了酸味和鹹味，一款酒體飽滿而強勁的紅酒，帶有紅色水果的香氣，與鴨胸肉緊實可口的質地相得益彰，讓菜餚的「甜味」包裹在葡萄酒的單寧中，突顯醬汁的櫻桃果味。

馬 倫 哥 雞 ㊣ 白葡萄酒

這道是歷史名菜，是拿破崙在馬倫哥戰役獲勝當天所吃的晚餐。廚師臨時用農家現有的材料拼湊而成，光看食譜而不知道背景故事的話，會很困惑食材的奇怪組合。烹飪過程涵蓋煎、燉、烤，風味很鄉村，食材也健康，真是辛苦御廚了。這道菜拿破崙吃得非常開心，後來打仗時常吃這道菜做為好彩頭。

▋食材 （1 人份）

雞肉（任何帶骨部位皆可）…… 200g
蝦子 …… 5隻
鹽、黑胡椒 …… 適量
大蒜 …… 3瓣
洋蔥 …… 1/2顆
紅蘿蔔 …… 1/2根
西洋芹 …… 2枝

番茄糊 …… 1大匙
蘑菇 …… 5顆
百里香 …… 2枝（新鮮）或 1小匙（乾燥）
月桂葉 …… 2片
高湯 …… 1/2杯（125ml）
白葡萄酒 …… 1/2杯（125ml）
法國麵包 …… 2片
蛋 …… 1顆

┃ 步 驟

1 雞肉撒鹽、黑胡椒，輕輕按摩，靜置 15 分鐘。再擦乾，中火油煎到半熟、表面微焦，
取出。

2 用同一鍋炒大蒜、洋蔥，加紅蘿蔔一起炒熟，加高湯、西洋芹，煮滾後，放入番茄糊、
蘑菇、百里香、月桂葉、白葡萄酒，再煮滾。

3 接著放回雞肉小火熬煮 20 分鐘。

4 將蝦子剝殼，以 3.5% 的鹽水（例如 1 公升的水加入 35g 鹽）燙熟；麵包烤到微焦；
煎雞蛋（建議讓蛋黃仍為液狀，這樣吃的時候有爆漿的效果）。

5 以上全部裝盤，即可享用。

馬倫哥雞使用的食材。

雞肉以中火煎到表面微焦。

熬煮湯頭。

雞肉放回湯頭一起煮熟。

鱸魚佐紅蔥白酒醬 ㊂白葡萄酒、法國麵包

這道是較清淡的海鮮料理，用小火有耐心地將紅蔥炒甜、炒到化掉，加上白葡萄酒、奶油製作醬汁，製作上會花較多時間，但成品嘗起來風味甘甜，有層次又能襯托主食。

▌食材（1人份）

鱸魚排 …… 250g
奶油 …… 10g
黑胡椒、鹽、麵粉 …… 適量

醬汁：
紅蔥 …… 50g
龍蒿（乾燥瓶裝）…… 1小匙
白酒 …… 1/2杯（125ml）

鮮奶油 …… 1/2杯（125ml）
奶油 …… 30g
蘆筍 …… 5支
蝦夷蔥 …… 3支
檸檬 …… 1顆（取用檸檬皮）
黑胡椒、海鹽 …… 適量

| 步驟

1 醬汁製作：

紅蔥切碎、龍蒿小火慢慢炒到全軟，加白酒繼續炒到紅蔥化掉；加黑胡椒、檸檬皮，煮到收汁；加鮮奶油小火煮約 5 分鐘到濃稠；熄火，用濾網濾出湯汁，加奶油 20g 攪拌到均勻與融化，加海鹽調味。

2 鱸魚撒鹽跟黑胡椒靜置15分鐘後，拍一層麵粉，用奶油 10g 煎到表面微焦。

3 裝盤時，依序鋪上醬汁、燙蘆筍、鱸魚，撒蝦夷蔥，裝飾檸檬皮絲。

鱸魚佐紅蔥白酒醬使用的食材。

食材
取得

這道料理用到幾樣少見的食材，如果無法取得，可以利用以下食材替代：

紅蔥：可使用溫和、不嗆的普通洋蔥。

龍蒿：台灣可買到瓶裝的乾燥龍蒿，**進口食材豐富的超市**會有。或是可用羅勒（九層塔）、乾燥的蒔蘿籽（dill seeds）代替，後者在**進口食材稍多的超市**可買到。

蝦夷蔥：可以用切絲泡水的台灣蔥替代。因為蝦夷蔥比較幼嫩細緻，而台灣蔥花太嗆，切絲泡水可以減少嗆味。

將鱸魚煎到表面微焦。

熬煮醬汁。

一起認識紅蔥、茴香

紅蔥

製作法國菜時,常會使用到紅蔥(法文:échalote,英文:shallot),而歐洲的紅蔥比台灣的紅蔥頭大,口味也較多汁、甘甜、溫和,在台灣很難買到。目前只知道可以向進口食材店網購澳洲所種植的。

如果購買不到紅蔥,優先的替代方案是溫和、不嗆的普通洋蔥。台灣的紅蔥頭一般來說偏嗆、較有氣味,並不適合。

紫洋蔥　洋蔥　紅蔥　紅蔥頭

茴香

茴香的塊莖部位是法國南部常見食材,用在海鮮料理是經典組合,因為原本的辛香味在煮過之後會變成淡淡的清香,搭配海鮮吃起來有甜感,很好吃。

台灣的菜市場偶爾會看見茴香的莖葉部位,常加入豬絞肉製作水餃。塊莖部位則沒在菜市場看到過,目前都要向進口食材行網購才行。

如果碰到海鮮食譜需要茴香塊莖,建議的替代食材是蒜苗的白色部位,能產生與海鮮一起熬湯後類似的效果。如果製作沙拉,可以用洋蔥分量減半來代替。

蘋果酒白醬午仔魚

(佐) 蘋果酒、法國麵包

這是法國諾曼第食譜,當地盛產蘋果、釀造蘋果酒的歷史更悠久,蘋果酒甚至曾是日常普遍的飲品。蘋果搭配奶油是清新爽口的組合,在夏天蘋果還沒採收前,就用蘋果酒來入菜。這次使用在地的屏東午仔魚,特別新鮮美味!

▌食材 (1人份)

午仔魚 ⋯⋯ 1隻
蘋果酒 ⋯⋯ 200ml
洋蔥 ⋯⋯ 1/2顆
蘑菇 ⋯⋯ 6顆
檸檬 ⋯⋯ 1/4顆
麵粉 ⋯⋯ 10g
奶油 ⋯⋯ 30g
(20g 做奶油麵糊,10g 炒蘑菇)
鮮奶油 ⋯⋯ 50ml
月桂葉 ⋯⋯ 1葉
(裝飾用) 細香蔥 (chives)、
巴西利 ⋯⋯ 適量
鹽、黑胡椒 ⋯⋯ 適量

食材取得

珍珠小洋蔥、迷你蘿蔔這些法國菜會使用的裝飾食材在台灣不算常見,可到**進口食材稍多的超市**找找。

▌步驟

1 **奶油麵糊(roux):** 奶油(20g)在鍋中以小火融化,放麵粉,小火持續攪拌約 2 分鐘。

2 另起一鍋,放蘋果酒、午仔魚排、洋蔥丁、月桂葉、奶油,以中火煮滾。

3 在烘焙紙中間開洞,蓋到魚上面,轉小火。(用開洞的烘焙紙而不是鍋蓋,可以邊煮邊收汁)

4 小火約 5 分鐘把魚煮熟(若是魚片太厚就煮久一點),將魚移到烤盤,淋醬汁(防止乾掉),烤箱 50℃ 保溫。

5 另取一平底鍋,開中小火,放 10g 奶油至溶解,放切半的蘑菇,將蘑菇炒到出水。

6 **醬汁:** 將步驟 **4** 的湯汁過濾,加入奶油麵糊,以小火邊攪邊拌勻;加鮮奶油、步驟 **5** 的蘑菇,攪拌煮滾,加鹽、黑胡椒調味,加 1/4 顆的檸檬汁。

7 裝盤,撒細香蔥,以檸檬、巴西利裝飾。

法國菜的營養搭配

一般來說，品嘗法國菜要注意以下問題：

① 法國菜大量使用奶油與鮮奶油，請注意鮮奶油不是鮮奶，而是奶油的一種，營養分類上屬於「油脂類」，所以具有較高的熱量！

② 法國菜許多都會添加酒類，由於不清楚酒精在烹調時有無揮發，孕婦要注意完全避免酒精！

為了減少熱量的攝取，建議以下改善的方法：

鮮奶油可使用優格、希臘優格、鮮奶以及豆漿取代。如果怕優格會讓菜餚有酸味，鮮奶和豆漿又太稀使料理味道不夠濃郁，也可以嘗試以全脂奶粉代替，保持濃厚的奶香味。針對營養上的考量，將油脂類的鮮奶油換成乳製品的奶粉，能夠減少熱量又能補充鈣質，是一個聰明的選擇！

專欄主筆介紹

鄭惠文營養師
擁有營養師、衛生局食安講師、中餐烹飪、HACCP 證照，同時也具有保健食品開發經驗。常在社群上透過圖文，分享許多營養及健康飲食的小訣竅。 （Instagram: @dietitian.tracy）

莫內廚房的對策

如果是較高級、精緻的料理，擔心更改食譜會減損風味。目前建議減少主食及醬汁的分量、增加蔬菜，藉此盡量達到營養均衡。

另外，提供以下的方法作為參考：

主菜盡量多搭配蔬菜

法國菜重視擺盤，搭配的蔬菜可以選擇深綠或翠綠色的，例如，綠蘆筍、青花筍、綠花椰、球芽甘藍等等，創造出美化視覺的效果。

搭配烤蔬

以普羅旺斯烤蔬為例，蔬菜搭配橄欖油使用烤網或條紋鍋來料理，再以高湯、白葡萄酒煮滾，加入法國風味的香草（百里香、茴香籽、香菜籽）調味。

搭配蔬菜湯

以法式木鱉果奶油濃湯為例，木鱉果可以替換為其他瓜果。利用橄欖油炒過瓜果類後，加入高湯一起煮滾；打成泥，熄火後拌入蛋黃跟少許鮮奶油。

更換食譜

最後的方法則是更換食譜，近年來，許多大廚開始重視健康訴求，修改傳統奶油跟肉湯的厚重手法，推出新鮮健康食譜。像是之後會介紹的料理——嫩煎鱸魚佐初榨醬，其初榨醬是1980年左右才發明的法國料理醬汁，使用新鮮食材跟初榨橄欖油、酒醋，一樣滋味非凡。

嫩煎鱸魚佐初榨醬

這道食譜不使用奶油、鮮奶油，而用初榨醬（法：Sauce Vierge；英：Virgin Sauce）。使用初榨橄欖油、酒醋以及大蒜、番茄等新鮮食材，製作上幾乎零失敗，而且烹調時間很短。初榨醬的用途眾多，可以搭配海鮮、沙拉、義大利麵，既輕鬆又健康。

▌食材 (1人份)

初榨醬：
初榨橄欖油 ⋯⋯ 2大匙
大蒜 ⋯⋯ 5瓣
番茄 ⋯⋯ 1/2顆
香菜 ⋯⋯ 1小把
香菜籽 ⋯⋯ 5g
紅酒醋 ⋯⋯ 2小匙

糖 ⋯⋯ 1小匙
檸檬 ⋯⋯ 1/8顆
鹽、黑胡椒 ⋯⋯ 適量

煎鱸魚：
鱸魚排 ⋯⋯ 1片（200g~300g）
適合當作沙拉的葉菜 ⋯⋯ 1人份
蔥花、巴西利 ⋯⋯ 適量

步驟

1　初榨醬製作：
將初榨橄欖油、切丁的大蒜、番茄、稍磨碎的香菜籽，以最小火拌煮約 5 分鐘；熄火放紅酒醋、香菜，拌勻放涼；以鹽、黑胡椒、少許糖、檸檬汁調味。

2　鱸魚撒鹽、黑胡椒，靜置 15 分鐘後；擦乾，以橄欖油煎熟。

3　裝盤時，鋪上青菜沙拉，放鱸魚，淋醬汁，撒蔥花、巴西利。

嫩煎鱸魚使用的食材。

用最小火煮初榨醬。

食材
取得

提味用的香菜籽做法國菜時偶爾會用到，台灣的超市很少見，但可以於中藥行購買。這類便宜藥材常以「兩」為單位，一兩37.5g，大約是3~4大匙分量，價格大約新台幣幾十塊錢。一般來說，製作歐式料理需要的量不多，不過，中藥行都有最少的秤重分量（例如一兩），不確定的話可以詢問老闆。

馬賽魚湯

彷彿是大飯店主廚才能製作出的菜餚，但其實與台灣小漁港的路邊攤菜色「什錦蔬菜海鮮湯」的概念是相通的。屬於法國南部的漁夫料理，利用尺寸較小的魚熬湯，加入各種蔬菜一起煮，最後放上大塊海鮮。不僅滿足外觀、美味的需求，而且山珍海味都有。

▌食材 (2人份)

鬼頭刀、鱸魚（或其他尺寸較大的魚排）…… 250g
午仔魚（或其他尺寸較小的魚）…… 1隻
蝦 …… 2隻
軟絲 …… 2隻
蛤蜊 …… 5顆
茴香塊莖 …… 1個
洋蔥 …… 1顆
紅蘿蔔 …… 1顆
西洋芹（或普通芹菜）…… 4支
大蒜 …… 1顆

番紅花 …… 1/8g
百里香 …… 2支（新鮮）或1小匙（乾燥）
肉桂葉 …… 2葉
番茄糊 …… 1/2大匙
白葡萄酒 …… 2大匙
鹽、黑胡椒 …… 適量
水 …… 1000ml

Monet Murmur 中
> 食譜中的茴香塊莖與海鮮料理是經典組合，也是這道菜的重要成分，不過台灣很難買到，若是沒有茴香塊莖，就當製作漁港料理，有什麼煮什麼。食譜的原型也是有什麼煮什麼的地方菜。

| 步驟

1 製作魚高湯：

將鬼頭刀與鱸魚切出魚排，在魚排撒一點鹽、黑胡椒，放冰箱；剩下的魚骨汆燙。冷水鍋放入大塊的洋蔥、紅蘿蔔，煮滾後放魚骨，再次煮滾後蓋上鍋蓋小火熬煮 30 分鐘，用濾網過濾出湯汁。

馬賽魚湯使用的食材。

2 午仔魚切段，用鹽巴、橄欖油醃半小時。取湯鍋，放橄欖油並且熱鍋，用中大火將魚煎到飄出香味，取出靜置。

3 蝦、切段的軟絲用同一個湯鍋加橄欖油稍微炒一下，只要把表面炒到微焦即可，不用炒熟，取出靜置。

製作魚高湯。

4 製作湯頭：

使用步驟 2 的同一個湯鍋，加橄欖油，炒小塊的洋蔥、紅蘿蔔、西洋芹，炒到有甜味，加入步驟 1 的魚高湯、步驟 2 的魚、茴香塊莖、大蒜、百里香、肉桂葉、番茄糊、白葡萄酒。蓋鍋蓋小火熬煮 30 分鐘，再過濾出湯汁。

5 使用同一個湯鍋，依序放入步驟 4 的湯頭、步驟 1 的魚排、步驟 3 油炒過的蝦、軟絲、番紅花（可省略），煮滾，最後放蛤蜊，煮到蛤蜊打開，撒一點切碎的茴香葉子。

製作湯頭。

 侍酒師 Lily 的餐酒搭配建議

挑選普羅旺斯粉紅酒 Provence，最在地風情的搭配。

最後將食材一起煮滾即可。

賽特魚湯 午仔魚版 佐白葡萄酒

賽特 Séte 是法國南部漁港，離馬賽不遠，原版使用整隻新鮮鮟鱇魚，在台灣實在不容易買到，改由台灣午仔魚上場。乍看奇怪的蔬菜組合搭配苦艾酒，與海鮮很搭。最後搭配烤脆的麵包真是神來一筆，熱呼呼軟綿綿的燉煮海鮮，配上烤麵包卡滋卡滋口感，好吃到覺得法國人除了吃，真的沒其他正事要辦了。

▌食材 (2人份)

午仔魚（大）‥‥‥ 1隻
芹菜 ‥‥‥ 2根
紅蘿蔔 ‥‥‥ 1/2顆
洋蔥 ‥‥‥ 1/2顆
大蔥（leek，可用蒜苗的白色部位替代）‥‥‥ 1/2根
羽衣甘藍 ‥‥‥ 2根分支
百里香 ‥‥‥ 2枝
月桂葉 ‥‥‥ 2片
茴香籽 ‥‥‥ 1/4小匙
白葡萄酒 ‥‥‥ 1/2杯
苦艾酒 ‥‥‥ 1大匙
鮮奶油 ‥‥‥ 1大匙
鹽、黑胡椒 ‥‥‥ 適量

馬鈴薯 ‥‥‥ 1顆
歐式麵包 ‥‥‥ 1個
巴西利 ‥‥‥ 適量
柳丁 ‥‥‥ 1顆

大蒜蛋黃醬 （aioli）：
橄欖油 ‥‥‥ 2大匙
蛋黃 ‥‥‥ 2個
大蒜（磨泥）‥‥‥ 4瓣
黃芥末 ‥‥‥ 2小匙
鹽、黑胡椒 ‥‥‥ 適量

▎步驟

1 備料：

午仔魚片下魚肉的部位，魚頭、魚骨也要留著，後面會用到。將蔬菜（芹菜葉、紅蘿蔔、洋蔥、大蔥、羽衣甘藍）切碎備用，其中芹菜只取葉子部位。

2 馬鈴薯以滾水鍋煮熟，去皮切丁；歐式麵包水平切片，切出厚約 1cm 的長橢圓形，烤箱不用預熱，放進去以 100℃ 烤 15 分鐘，將麵包烤透、烤脆。

3 平底鍋放橄欖油，熱鍋，以中火將百里香、月桂葉炒香；加入步驟 **1** 的蔬菜炒軟，加茴香籽，炒勻。

4 加魚頭、魚骨、白葡萄酒、水 1/2 杯，小火熬煮 20 分鐘；移除魚頭、魚骨，加鹽、黑胡椒、鮮奶油、苦艾酒。

5 午仔魚排放到步驟 **4** 的湯鍋，蓋烤盤紙小火煮熟（約 5 分鐘），熄火繼續蓋著烤盤紙讓它保溫。

6 製作大蒜蛋黃醬（aioli）：

大蒜切碎成為蒜泥，將蛋黃、蒜泥、黃芥末、鹽及黑胡椒放入攪拌盆中，倒入 1/2 大匙橄欖油，以打蛋器或攪拌棒快速攪打，並分 5~6 次倒入剩餘的橄欖油，持續打到乳化的狀態。

7 裝盤：

依序放湯汁、馬鈴薯丁、塗大蒜蛋黃醬的麵包、魚排，魚排上面淋大蒜蛋黃醬，撒巴西利、現刨柳丁皮。

食材
取得

羽衣甘藍：**進口食材豐富的超市**偶爾會有，如無法購得，可使用帶苦味、澀味的蔬菜，例如芥藍、青江菜。

苦艾酒：一般超市就有，因為常用於調配雞尾酒。

普羅旺斯烤蔬 （佐）白葡萄酒、法國麵包

熟識的農友來訊，詢問是否有興趣使用因疏果*所摘除的火龍果花苞入菜？當然好！跟著田裡所生長的蔬菜製作料理，符合季節又新鮮在地。利用遙遠的普羅旺斯食譜烹煮在地蔬菜，所使用的百里香、茴香籽、香菜籽、橄欖油等，是普羅旺斯的典型調味。

（＊疏果：摘除部分花苞，讓保留下來的花苞長出碩大的果實。）

▍食材 (1人份)

火龍果花苞 …… 4個　　　　月桂葉 …… 1片
白葡萄酒 …… 2大匙　　　　小番茄 …… 5顆
雞里肌肉 …… 100g　　　　檸檬 …… 1個
百里香 …… 1/2小匙　　　　橄欖油 …… 適量
茴香籽 …… 1/2小匙　　　　巴西利 …… 適量
香菜籽 …… 1/2小匙

步驟

1 去除火龍果花外表的硬瓣、切半。在條紋鑄鐵鍋加入橄欖油，放上火龍果花煎出條紋。

2 湯鍋加入白葡萄酒、水、百里香、茴香籽、香菜籽、月桂葉煮滾，再放切大丁的雞里肌肉，煮熟撈起。

3 同一鍋放煎過的火龍果花，切面朝下讓湯汁入味，煮一下即可取出。

4 裝盤時，放入火龍果花、雞里肌肉，搭配烤小番茄，淋一點步驟 **2** 的湯汁、檸檬汁、橄欖油，撒巴西利。

此為火龍果花苞。

 食材取得

百里香（thyme）、茴香籽（fennel seeds）：在本章開頭有介紹。

香菜籽（coriander seeds）：可前往中藥行購買。

竹科小故事　　**碰釘子的乳酪**

法國號稱「一村一乳酪」，有次工作接待了一位高挑法國女士，於是決定以乳酪作為吃飯的話題。

原先以為，法國女士會熱情地聊起她家鄉、親戚那邊的、大學室友的、老公家鄉的等等不同乳酪，讓話題能夠持續，成功拉近距離，達到賓主盡歡的局面。

結果，法國女士只回答：「嗯哼」就結束話題。

後來自己開始下廚跟探索法國菜，才慢慢了解，法國人不但對自己的飲食文化深以為傲，也非常的講究，又相當的複雜。我在網路上回答網友提問的法國食譜或食材問題時，往往都已經盡量簡單回答了，對方還是直接腦袋當機。而乳酪又是頗深奧的題材，真的句點最省事，

因此，大家不要覺得法國女士很無情或高傲，換成我的話我可能也直接結束話題，不然才講到一半菜都涼了，而對方一臉茫然，完全不知道我在講什麼。

嘉義木鱉果奶油濃湯 （佐）白葡萄酒、法國麵包

食譜的原型是「法式番茄奶油濃湯」，可用來烹調大部分的蔬菜、瓜果。來自嘉義農友的木鱉果與苦瓜在分類上是同一屬，或許也可以稱為「苦瓜泥奶油濃湯」。湯品中層層堆疊的風味，有蛋黃、奶香、洋蔥、香草，加上麵包跟白葡萄酒，吃起來很有儀式感。

▎食材 (1人份)

排骨 …… 200g
木鱉果（可用其他新鮮蔬果，如番茄）…… 1顆
奶油 …… 20g
洋蔥 …… 1顆
大蒜 …… 1瓣
百里香 …… 新鮮2枝或乾燥1/2小匙

月桂葉 …… 1片
蛋 …… 1顆
鮮奶油 …… 3大匙
烤麵包丁 …… 適量
巴西利 …… 適量
水 …… 1500ml

| 步 驟

1 | 高湯製作：|

排骨汆燙，與木鱉果果肉、水一起煮滾後，轉
小火煮 1 小時。（木鱉果排骨湯加鹽調味後就
可以喝了，對眼睛很好喔！）

2 洋蔥切條，中火炒 10 分鐘至炒軟即可，不用炒
出顏色。

3 另起湯鍋，放奶油、兩匙水、步驟 **2** 的洋蔥、
大蒜、百里香、月桂葉、步驟 **1** 的高湯跟果肉，
煮滾後，轉小火熬半小時。

4 湯鍋熄火，拿掉月桂葉、百里香，打成泥。

5 用手持打蛋器輕輕攪打木鱉果的種子，讓種子
跟鮮紅色皮分離後，丟棄種子，留下的皮用果
汁機打泥備用。

6 將蛋黃、鮮奶油在碗裡拌勻，舀些許步驟 **4** 的
湯一起拌勻，再倒回步驟 **4**，加入步驟 **5** 的種
子皮，拌勻後，開火煮到微滾，加鹽、黑胡椒
調味。（不直接煮蛋黃，避免煮成蛋花；種子
皮最後放，避免從紅色煮到褪色。）

7 裝盤時，淋鮮奶油，放烤麵包丁，撒巴西利。

奶油濃湯使用的食材。

木鱉果。

製作節日套餐的小提醒

1 若你是身兼大廚與宴客主人，每道料理的工序都盡量簡單，透過依序上菜轉換口味跟風格，就能製造出豐盛多彩的效果，不需要執著在單一料理的技巧與複雜度。

2 假設是兩人大餐，可根據與另一位主角的親密程度，邀請對方參與備餐跟布置的過程，加深兩人的情感。

3 輕鬆用餐的小建議：可於前一天就備妥菜餚，當天加熱擺盤即可上桌。

Chapter 05

特別專輯：
節日套餐規劃

台灣人對大餐的概念，大概是除夕時滿桌澎湃的菜餚，歐式餐點也曾經如此，不過以法國艾麗榭宮（總統府）的國宴為例，二戰後就轉變為簡約、精緻的風格，形式是前菜、主菜、甜點，以及搭配的酒款，豪華與誠意不以量多取勝，而是隱含在精緻的料理中。因此，在本專輯中提供的食譜絕不寒酸，讓你的親朋好友如同國賓似的來參加宴席。

歡慶耶誕大餐

MENU

☑ 開胃湯品：**南瓜濃湯、歐式麵包、起司。**
☑ 前菜：**白醬海鮮溫沙拉。**
☑ 主菜：**藍黴乳酪牛排。**
☑ 佐餐酒：**紅葡萄酒。**
☑ 甜點：**自製乳酪冰淇淋。**

除了主菜稍微費工，其餘料理都比較簡單，若能提前準備，只要在餐前簡單處理即可上菜。不同佳餚的組合具有豐富的視覺跟味覺感受，肚子感到滿意，心意也滿溢。

藍黴乳酪牛排

將油花多的牛小排煎到全熟，也一樣軟嫩，不論是新手、懶人廚師、忙碌的大餐主廚，都能輕鬆駕馭。不愛牛排帶血的人，也會喜歡這道。醬汁濃郁的油脂搭配任何紅葡萄酒都能風味升級，賓主盡歡。

（食譜請參閱「富裕北義」P.74）

湯品

南瓜濃湯

可前一天準備好，當天加熱及擺盤裝飾即可上桌。

在冷冷的天氣，先上濃湯暖和身體，如果肚子餓了，可以搭配歐式麵包、起司。食器搭配也很重要，亮橘色與深藍的湯碗，鮮豔對比，視覺呈現更加賞心悅目。

▌食材 (2 人份)

南瓜 …… 200g
（帶皮帶籽的重量）
蕃薯 …… 200g（約1顆）
洋蔥 …… 1/2顆
雞肉 …… 100g（可省略）
雞高湯 …… 2杯
鮮奶油 …… 20ml
巴西利 …… 適量

▌步驟

1 南瓜、蕃薯蒸熟，去皮切塊。

2 洋蔥切丁，中火慢慢炒到洋蔥變金黃，約 15 分鐘。避免火太大將洋蔥炒焦，慢慢炒才能炒出洋蔥的甜味。

3 （可省略）雞肉切丁，大火炒熟。

4 湯鍋放高湯、步驟 **1**、步驟 **2**，以攪拌棒打泥，然後放步驟 **3** 一起煮，煮滾轉小火熬 10 分鐘。

5 裝碗後，淋一些鮮奶油，以新鮮巴西利裝飾。

Monet Murmur 中

想要製作出漂亮的心型鮮奶油不能用湯匙滴入，會散開；要用吸管輕輕放入，再用牙籤從中間輕輕畫線，就是一個可愛的愛心了。

白醬海鮮溫沙拉

沙拉也可以吃溫熱的，綠花椰有青菜的微澀味，可在湯品與主菜之間轉換味覺。食譜中前兩個步驟（備料、白醬），建議可在前一天備妥。

▎食材 (2人份)

鱸魚 ⋯⋯ 100g
透抽 ⋯⋯ 100g
綠花椰 ⋯⋯ 150g

白醬：
水 ⋯⋯ 1/2杯
牛奶 ⋯⋯ 1杯
奶油 ⋯⋯ 20g
大蒜粉 ⋯⋯ 2小匙
麵粉 ⋯⋯ 1小匙

▎步驟

1 備料： 鱸魚跟透抽切塊；綠花椰切成適合入口的大小。

2 白醬： 同鍋放水 1/2 杯、牛奶、奶油、大蒜粉煮滾，放篩過的麵粉，轉小火邊煮邊攪拌，直到湯汁濃稠。

3 鱸魚、透抽油煎到半熟（約 2 分鐘），放入白醬中煮熟。

4 另煮一鍋滾水，放綠花椰，將其燙熟。

5 以上裝盤，依序放白醬及海鮮、綠花椰。

乳酪冰淇淋

可以在前一天先做好冰淇淋，上桌前放入水果與蜂蜜即可。

蛋奶系的冰淇淋成分天然而單純，質地細膩散發濃郁奶香，搭配帶點酸味的當季盛產水果，口感滑潤不膩口。

▌食材 （3球冰淇淋的分量）

乳酪冰淇淋：
奶油起司（cream cheese）
…… 半條（125g）
煉乳 …… 1大匙
牛奶 …… 2大匙
糖 …… 1小匙
檸檬 …… 1/4顆
香草精 …… 少許

配料：
草莓 …… 10顆
藍莓 …… 12顆
柳丁 …… 1顆
蜂蜜 …… 1/2大匙

▌步驟

1. **乳酪冰淇淋製作：** 奶油起司、煉乳、牛奶、糖、檸檬汁、香草精打勻，冷凍6小時。

2. 草莓、藍莓、柳丁洗切好裝碗，放入用大杓子挖成橢圓球狀的乳酪冰淇淋，最後淋上蜂蜜。

Monet Murmur 中

> 這個冰淇淋的配方，即使冷凍6小時至1天的軟硬度都適當，若是超過以上時間，可以先移到冷藏2小時再挖取。還有一個方法是，冷凍時每30分鐘拿出來攪拌，破壞凝結的結構，防止凍成磚塊，即使超過一天也很容易挖取。

133

微酸甜蜜情人節大餐

◇◇◇◇◇ MENU ◇◇◇◇◇

- ☑ 前菜：**白酒干貝。**
- ☑ 主菜❶：**紅酒醬牛排。**
- ☑ 主菜❷：**松露玫瑰餃。**
- ☑ 佐餐酒：**白葡萄酒**（搭配前菜跟主菜❷）、
  紅葡萄酒（搭配主菜❶）。
- ☑ 甜點：**草莓醬生乳酪蛋糕，搭配咖啡或紅茶。**

這次的情人節大餐，在口味設計上，從清淡微酸的開胃菜開始，接著是不太油膩的牛排，再端出濃郁的松露奶油料理；最後以酸甜滋味、符合情人節色系的草莓甜點收尾。

紅酒醬牛排

情人節的晚餐當然要有紅葡萄酒！紅葡萄酒與牛排一向是經典組合，紅葡萄酒的澀味搭配牛排及肉汁，神奇的變成甘甜順口，牛排也變成肉質軟嫩，美味相乘！

（食譜請參閱「法國鄉村」P.106）

前菜

白酒干貝

這道是法式煎干貝的經典食譜，用來擔任開胃菜。醬汁中的白酒與檸檬比例稍微調高，呈現清淡微酸的滋味，以迎接之後的牛排主菜。

食材 (2人份)

生食級干貝 …… 4顆
白葡萄酒 …… 2大匙
大蒜 …… 5瓣
巴西利 …… 1枝
檸檬 …… 1/4顆
糖 …… 1小匙
奶油 …… 30g
鹽、黑胡椒 …… 適量
辣椒絲（裝飾用）…… 適量

步驟

1 如果是冷凍的生食級干貝，能放冷藏一天慢慢退冰，再取出放置半小時恢復室溫，然後輕輕擦乾勿壓（慢慢退冰才可以保持水分，恢復室溫較容易煎香）。

2 用不鏽鋼鍋或鑄鐵鍋，放橄欖油熱鍋到冒煙，干貝放「火圈」上（爐嘴噴火那圈），煎約90秒，翻面煎約45秒，拿起，靜置5分鐘。

3 **醬汁製作：** 同一鍋放白葡萄酒、大蒜末、巴西利、檸檬汁、檸檬皮、糖，煮滾後熄火放奶油，攪拌到融化，用鹽、黑胡椒調味。

4 裝盤時，放上干貝，淋醬汁，撒辣椒絲。

Monet Murmur 中

建議讓干貝恢復到室溫，用高溫煎出外脆內嫩，內裡五分熟即可。因為不是全熟，需使用生食級的干貝。另外，一般平底鍋無法達到足夠的高溫，煎到出水很正常，湯汁可以跟醬汁一起煮，不放過任何一滴美味。跟心愛的人一起吃，一樣開心。

松露玫瑰餃

餃子內餡放入乳酪讓口感多汁，呼應松露、藍黴起司等材料所製作的濃郁醬汁。玫瑰餃可以事先做好，當天放電鍋蒸熟，並製作醬汁及裝盤。數量配合食用者的胃口彈性調整，淺嘗或飽食皆可。

食材 (2人份)

餃皮：
中筋麵粉 …… 100g
溫水 …… 90g
鹽 …… 1/2小匙
油 …… 1/2小匙

內餡：
豬絞肉 …… 120g
Mozzarella 起司 …… 60g

醬汁：
鮮奶油 …… 1/2杯
牛奶 …… 1/4杯
松露（可用罐頭，或松露醬）…… 5g
鴻禧菇 …… 30g
Parmigiano 起司 …… 10g
Gorgonzola 起司 …… 10g
鹽、黑胡椒 …… 適量

裝飾：
綠花椰 …… 20g
紅甜椒 …… 20g
辣椒絲 …… 適量

步驟

1 水餃皮製作：

中筋麵粉、溫水 90g、鹽、油，揉到呈現光滑，靜置 30 分鐘；擀成 6cm 圓形，盡量薄一點（一朵 4 片，怕餡少皮多，所以小一點薄一點）。

2 將 4 片水餃皮部分疊在一起，中間放豬絞肉、Mozzarella 起司。接著將水餃皮水平折合，側卷成花型。

3 電鍋蒸 3/4 杯水。

4 松露醬汁製作：

於平底鍋倒入鮮奶油、牛奶、松露、鴻禧菇煮滾；加 Parmigiano 起司、Gorgonzola 起司煮到融化；加鹽、黑胡椒調味。

5 裝盤時，放入餃子，醬汁，放一點燙熟的綠花椰、紅甜椒裝飾，撒辣椒絲。

松露玫瑰餃使用的食材。

將 4 片水餃皮的部分疊在一起，再放入內餡。

Monet Murmur 中

自製麵皮會花費較多時間，可使用一般水餃皮，將之稍微擀薄，並且裁小片一點。另一種方式是不擀薄、不裁切，做出來的尺寸較大，入口也會感受到較多的麵皮，適合胃口不錯的人。

將水餃皮水平折合，再側卷，即可做出一朵玫瑰花。

草莓生乳酪蛋糕

最後的甜點是重頭戲，也是最費工的部分，建議可前一天製作，用餐時分切裝盤即可上桌。蛋糕的派底以黑巧克力跟肉桂粉增加風味，整體有苦味、奶脂、新鮮草莓，層次豐富，酸中帶甜也會苦，像極了愛情！

▌食材（6吋派模，可切6份）

派底：
消化餅乾 …… 90g
奶油 …… 40g
黑巧克力 …… 20g
肉桂粉 …… 適量

派餡：
草莓 …… 240g
吉利丁 …… 2片（共5g）
鮮奶油 …… 100g
奶油起司 …… 250g
糖 …… 60g
檸檬汁 …… 25g

上層：
草莓 …… 120g
糖 …… 20g
檸檬汁 …… 5g
吉利丁 …… 2片（共5g）
熱開水 …… 35g

步 驟

1 派底製作：
將消化餅乾碾碎，加入適量肉桂粉，拌勻。奶油、黑巧克力以小火融化，加入拌勻，放進派模壓平，冷藏 1 小時。

2 吉利丁 2 片（共 5g）在冷水泡軟，撈起來跟熱鮮奶油（60~80℃）30g 拌勻溶解。

3 起司糊：
奶油起司、糖、檸檬汁拌勻，加入步驟 **2** 拌勻，加打到七分發的鮮奶油 70g。

4 草莓去蒂。部分草莓切半，放入派模裡，切口貼著派模的牆壁排一圈，其餘的草莓整顆放入派模，再倒入步驟 **3** 的起司糊，冷藏 2 小時。

5 草莓泥製作：
去蒂的草莓、糖攪到出水，加檸檬汁，小火煮到稍微黏稠（約 20 分鐘），打泥。

6 吉利丁 2 片（共 5g）以冷水泡軟，撈起來跟熱開水（60~80℃）35g 攪勻溶解，加入草莓泥，拌勻，放涼後倒到步驟 **5** 上，接著冷藏 2 小時即可。

草莓生乳酪蛋糕使用的食材。

完成！

Chapter 06

酸菜歐洲

這章前進到中歐、東歐,這個地區氣候寒冷,在傳統飲食上偏油脂豐富,生鮮蔬菜也較受限制,因此,歐式酸菜(一般稱德國酸菜,但不只是德國有,於是本書稱歐式酸菜)是漫長冬季的重要蔬菜類食物,其在口感上的酸度也跟肉食平衡,再配上在地啤酒更是最佳組合。

親手做出歐式酸菜

歐式酸菜（Sauerkraut）一般稱為德國酸菜，其實不只德國，整個中歐、東歐都有。若想要在台灣買到歐式酸菜，建議要到**進口食材豐富的超市**購買。其實，自己動手做是最快的！不用像其他泡菜，如東北酸白菜、韓國泡菜需逐一翻開葉面，在整葉抹上醃料醃製；而歐式酸菜只要將葉面全部切碎處理、抓捏醃製，再放入罐中發酵，十分容易。

製作歐式酸菜時，沒有用到醋或酸類製品，完成後的酸味是天然乳酸發酵產生的。食用自己醃的歐式酸菜，酸味溫和不刺口；將其入菜，也很容易跟其他食材融合，產生和諧的風味。

食 材 （分量約 180ml 罐裝）

高麗菜 …… 1/2顆
食鹽 …… 高麗菜重量的2%

步 驟

1 將高麗菜切絲加鹽，揉約 5 分鐘出水。

2 菜跟揉捏產出的湯汁一起放入玻璃罐，用塑膠袋套住罐口（防止灰塵、昆蟲進入），不密封，才能讓罐中發酵所產生的氣體排出，放置陰涼避光處。

3 放置 2~3 天會開始發酵冒泡，再等待 3~5 天即能食用。製作完成的歐式酸菜裝瓶密封放置於冰箱，至少可以保存半年。

必備調味料以及易搞混的食材

酸奶油

中、東歐的食譜常使用酸奶油（sour cream），是以鮮奶油加入乳酸培養，使其變稠變酸，乳脂肪含量約20%，在**進口食材稍多的超市**即可購得。

較容易混淆的地方是，中國稱優格為「酸奶」，網路上有不少簡體字直接轉成繁體中文的食譜，讓很多人一看到「酸奶油」就誤以為是優格。優格是牛奶加乳酸所製成，乳脂肪含量低，濃稠度低，大部分的狀況是不能互相替代。

⒧ 酸奶油　⒭ 優格

甜椒粉

在中歐、東歐料理，較常使用匈牙利甜椒粉，基本上沒有辣味，風味溫和，作為幫料理上色的用途。在**一般超市或大賣場**即可購得。

至於西班牙料理則使用西班牙煙燻甜椒粉，有濃郁的煙燻味，還有不同的辣度選擇（視你的口味喜好），可在**進口食材豐富的超市**購得。

兩種甜椒粉風味不同，一般不會替代使用。

⒧ 匈牙利甜椒粉　⒭ 西班牙煙燻甜椒粉

常用香草（乾燥）

匈牙利甜椒粉：前文有介紹，便不再多述。

蒔蘿籽：蒔蘿是中歐、東歐料理最常用的香草，蒔蘿籽也常入菜，若要煮這個地區的料理，推薦擁有。

葛縷籽（caraway seeds）：中歐、東歐料理的常用香草，但在台灣卻很罕見，需要上網找專業食材商，甚至要去專營香草的商家網購。或許，這在台灣是少用的食材，中文名稱有好幾個：凱莉茴香籽、藏茴香、羅馬小茴香。若無法取得的話，可用蒔蘿籽替代。

孜然：常在德國菜使用，用來醃製肉品。

以上除了葛縷籽，都可在**一般超市或大賣場**購得，不過各超市或賣場鋪貨的品牌不同，有時要多跑幾家。

捷克烤豬肉
佐歐式酸菜

佐啤酒

在捷克這是很普遍的料理，原文菜名 Vepřo Knedlo Zelo，便是指這道菜裡的烤豬肉（Vepřo）、麵包糰子（Knedlo）、歐式酸菜（Zelo）。麵包糰子看似樸素無味，其孔隙卻很能吸附湯汁，提升美味程度，配上肉食及歐式酸菜、啤酒這樣的經典組合，吃起來超級爽快。

▌食材 （2人份）

烤豬肉：
整塊豬肉（半瘦半肥或全瘦的皆可）…… 500g
黑胡椒 …… 適量
葛縷籽或蒔蘿籽 …… 1/2大匙
大蒜 …… 5瓣
洋蔥 …… 1顆
水 …… 1杯

麵包糰子：
麵粉 …… 200g
蛋 …… 1顆
酵母 …… 5g
麵包粉 …… 20g
水 …… 視湯鍋容量，放七分滿的水

醬汁及配菜：
麵粉 …… 1小匙
鹽、黑胡椒 …… 適量
水 …… 2 杯
酸高麗菜 …… 2大匙

▌步 驟

烤豬肉：

1 豬肉抹薄鹽，撒黑胡椒、磨碎的葛縷籽，抹上大蒜泥。

2 烤鍋塗油，放洋蔥丁、豬肉，倒入一杯水。烤箱預熱 160℃烤 1~1.5 小時（視肉的大小調整），記得中途豬肉要翻面；洋蔥攪拌一下；缺水要補水。

麵包糰子：

1 將麵粉、麵包粉、蛋、酵母揉成麵團，靜置 1 小時發酵。

2 麵團捏成直徑約 5cm 的圓柱形，放入沸騰的熱水，跟水餃一樣，煮熟後會浮起（約 15 分鐘），浮起後繼續滾 5 分鐘，取出放涼再切片。

歐式酸菜：

請見本章開頭 P.142 的做法，或購買罐裝現成的。

醬汁及配菜製作：

1 **醬汁製作**：將烤豬肉下層所鋪墊的洋蔥打成泥，加 2 杯水跟麵粉煮滾，轉小火收汁至剩餘 1/3（約 15 分鐘），用鹽、黑胡椒調味。

2 裝盤時，放上切片的烤豬肉、麵包糰子、以及醬汁。

捷克烤豬肉使用的食材。

豬肉抹鹽、黑胡椒、葛縷籽、大蒜泥，準備進烤箱。

捷克燉牛肉 ㊣ 啤酒

來嘗嘗捷克版的燉牛肉（Guláš & Houskové Knedlíky）吧，沒有一般燉牛肉料理的食材，如番茄、馬鈴薯、紅蘿蔔、紅酒、鮮奶油，這是因為捷克位於內陸，天氣寒冷又乾燥，能放入鍋中的食材不多。麵包糰子十分適合燉牛肉的湯汁，好吃的不得了！

▌ 食材 （3 人份）

燉牛肉：
適合燉煮的牛肉 ⋯⋯ 300g
洋蔥 ⋯⋯ 1顆
蒜泥 ⋯⋯ 2瓣
甜紅椒 ⋯⋯ 1/2顆
麵粉 ⋯⋯ 1大匙

匈牙利甜椒粉 ⋯⋯ 1/2大匙
蒔蘿籽、馬鬱蘭、巴西利（新鮮、乾燥皆可）⋯⋯ 適量

麵包糰子：
麵粉 ⋯⋯ 200g
蛋 ⋯⋯ 1顆
酵母 ⋯⋯ 5g
麵包粉 ⋯⋯ 20g

| 步驟

燉牛肉製：

1 牛肉切塊，中火油煎，到表面微焦，起鍋備用。

2 同一鍋炒切條的洋蔥 1 顆，蒜泥 2 瓣，切條的
甜紅椒 1/2 顆，中小火炒軟（約 5~10 分鐘）。

3 放回牛肉，加麵粉 1 大匙、甜椒粉，中小火炒
2 分鐘。

4 加高湯、蒔蘿籽、馬鬱蘭，煮滾，蓋鍋蓋以小
火燉 40 分鐘。

麵包糰子製作：

1 將麵粉、蛋、酵母、麵包粉揉成麵團，靜置 1
小時發酵。

2 麵團捏成直徑約 5cm 的圓柱形，放入沸騰的熱
水，跟水餃一樣，煮熟後會浮起（約 15 分鐘），
浮起後繼續滾 5 分鐘，取出放涼再切片。

裝盤：

1 放入燉牛肉，裝飾洋蔥跟巴西利，搭配切片的
麵包糰子。

燉牛肉使用的食材。

先將牛肉跟蔬菜炒過，撒麵粉、甜
椒粉，再一起炒。

加入材料及高湯後，煮滾，再小火
煮 40 分鐘。

德式燉肉

相對於德國豬腳，德國人更常吃這道德式燉肉（Schweinebraten）。製作時，會使用大量的蔬菜熬煮醬汁，手法也十分簡單，只需要一個鍋子就能完成。這道料理中所用的食材，個別品嘗會覺得普通，但組合在一起就十分美味。

▎食 材 (2 人份)

豬背頸肉 …… 500g	百里香 …… 1小匙
鹽、黑胡椒 …… 適量	丁香 …… 2顆
大蒜 …… 5瓣	杜松子 …… 3顆（可用整粒黑胡椒取代）
洋蔥 …… 1/2顆	黑啤酒 …… 250ml
紅蘿蔔 …… 1/2顆	黃芥末 …… 1小匙
西洋芹 …… 4枝	太白粉 …… 1小匙
高湯 …… 1杯（250ml）	歐式酸菜 …… 30g
番茄糊 …… 1大匙	馬鈴薯 …… 1顆
月桂葉 …… 2葉	巴西利 …… 適量
蒔蘿籽 …… 1小匙	

▍步驟

1 將豬背頸肉拍一層鹽，再拍一層黑胡椒，油煎，每一面都煎到表面微焦，不用煎到熟透，取出。

2 同一鍋炒大蒜、洋蔥、紅蘿蔔、西洋芹，炒軟。加高湯、番茄糊、丁香、月桂葉、蒔蘿籽、百里香、杜松子。放回肉，加黑啤酒到至少蓋過一半的豬肉，煮 40 分鐘，過程中偶爾翻面。

3 將步驟 **2** 的肉拿起放置 70℃的烤箱保溫。濾出湯汁，加黃芥末、鹽與黑胡椒，煮滾後用太白粉勾芡。

4 肉切片裝盤，淋醬汁，配歐式酸菜、馬鈴薯（電鍋蒸熟撒鹽及巴西利），裝飾巴西利。

德式燉肉使用的食材。

豬背頸肉：雖然德文直翻是「豬背頸肉」，但在台灣，與其對應的部位，應該是「梅花肉」（外圈）或「胛心肉」（內圈），一般分切的大小也不夠大塊。如果希望能與食譜使用的肉品相似，不妨直接求助肉攤老闆，或是一早到超市肉品部，按鈴請師傅幫忙切。

簡易的替代方案是挑選足夠厚度的整塊胛心肉、後腿肉、里肌肉。若使用里肌肉的話，因為其油脂少，建議減半食譜中具有酸味的食材（番茄糊、黃芥末、德國酸菜等）。

丁香：可在**進口食材豐富的超市**購得，如果平時少用，可以省略。

杜松子：較難取得的食材，只能**向專業食材商網購**。如果取得不易且少用，建議用整顆黑胡椒取代。

小火熬煮中，如果湯汁沒蓋過豬肉，過程中要偶爾翻面。

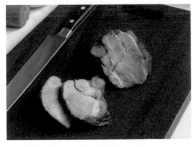
完成的豬肉，切片裝盤上桌。

德式牛肉捲

傳統的德式牛肉捲（Rinderroulade）會捲芥末醬跟酸黃瓜，口味較酸。在此稍微做了改變，是捲上各種新鮮蔬菜，切成一口大小，不僅外觀玲瓏繽紛，還可以隨個人喜好自由發揮，吃起來樂趣十足。

▍食材 （1人份）

牛肉片 …… 200g	高湯 …… 1杯（250ml）
黃芥末 …… 1大匙	黑啤酒 …… 250ml
酸黃瓜 …… 50g	番茄糊 …… 1大匙
洋蔥 …… 1/2顆	蒔蘿 …… 1小匙
紅蘿蔔 …… 1/2顆	蒔蘿籽 …… 1小匙
西洋芹 …… 4枝	大蒜 …… 5瓣
	月桂葉 …… 1葉

▌步驟

經典版製作：

1 牛肉片抹黃芥末，捲上酸黃瓜，用繩子綁起來，油煎到表面微焦。

2 將洋蔥、紅蘿蔔、西洋芹炒熟；加高湯、黑啤酒、番茄糊煮滾；轉小火，放牛肉捲、蒔蘿、蒔蘿籽、大蒜、月桂葉。肉捲熟了拿起，湯汁繼續熬煮到濃稠即可裝盤。

創意版製作：

1 利用清淡取向的蔬菜秋葵（綠色）、水蓮（綠色）、玉米筍（黃色）、蔥白（白色）、南瓜（橘色）、紅蘿蔔（紅色）、甜紅椒（紅色），取代經典版步驟 **1** 的酸黃瓜，一樣用牛肉捲起來，不抹芥末醬，用繩子綁好後，可與經典版的牛肉捲一起煮。

2 後續步驟跟經典版一樣。裝盤時可切斷面，表現出食材的顏色跟形狀。

創意版德式牛肉捲所使用的食材。

經典的德式牛肉捲是抹芥末醬、捲酸黃瓜。

將捲好的牛肉捲油煎到表面微焦。

在湯汁中將牛肉捲煮熟。

阿爾薩斯酸菜香腸豬肉鍋

雖然這道菜來自法國，但因為阿爾薩斯位於法國東北，與德國接壤，歷史上曾為德國領土，飲食口味也近似德國。由煙燻肉品、新鮮肉品、歐式酸菜、以及白葡萄酒組合而成，燉煮後，肉香滿溢且富有濃厚鮮味，適合冬天享用。

食材 (2人份)

德國煙燻香腸 …… 2根
德式豬肉香腸（可省略）…… 2根
熱狗（可省略）…… 2根
培根 …… 4片
梅花豬肉 …… 150g
牛肉 …… 150g
豬腳 …… 200g

洋蔥 …… 1顆
歐式酸菜 …… 100g
蘋果 …… 1顆
香料（月桂葉、丁香、芫荽籽、杜松子）…… 適量
阿爾薩斯的麗絲玲（Riesling）白葡萄酒 …… 1/2瓶
（不含佐餐用酒）
巴西利（可省略）…… 適量
紅胡椒（可省略）…… 適量

▎步 驟

1 豬腳放入冷水煮滾，達到去腥效果。

2 使用湯鍋從冷鍋開始煎培根，出油後放牛肉，將牛肉煎到表面微焦，拿起。用鍋裡的培根油炒洋蔥到軟，加歐式酸菜稍微翻炒 2 分鐘。

3 將洋蔥跟酸菜取出一半，放入蘋果片、豬腳、梅花豬肉、牛肉、培根，再鋪回洋蔥及酸菜。放香料（月桂葉、丁香、芫荽籽、杜松子），倒入阿爾薩斯的麗絲玲白葡萄酒到蓋過食材。

4 大火煮滾，轉中火滾 40 分鐘，放馬鈴薯一起再滾 10 分鐘，最後放德國煙燻香腸、豬肉香腸（可省略）、熱狗（可省略），用酸菜蓋住，轉小火煮 10 分鐘。

5 到這個步驟就可以享用了，隔頓再煮滾一次，會更入味。

6 裝盤時，用巴西利、杜松子、紅胡椒裝飾（裝飾的部分也可省略）。

阿爾薩斯酸菜香腸豬肉鍋使用的食材。

將食材熬煮中。

馬鈴薯需要晚一點才放，以免煮爛。

食材
取得

德國煙燻香腸：是這道菜的重要食材，其提供了煙燻味，與酸菜、其他肉品組合出這道菜的絕妙風味。這種香腸的特徵是外觀深橘色，在台灣一般超市並不常見，要到**進口食材豐富的超市**購買。

德式熱狗：台灣有肉品廠商製作，**一般超市或大賣場**就可以買到。

丁香：可在**進口食材豐富的超市**購得，如果平時少用，可以省略。

芫荽籽（香菜籽）：可於中藥房購買。價格一兩約新台幣幾十塊錢。

杜松子；是本道料理最難以取得的食材，只能**向專業食材商網購**。如果取得不易且少用，建議用整顆黑胡椒取代。

阿爾薩斯的麗絲玲白葡萄酒：只要白葡萄酒都可以。這道是法國冬天常見的料理，各地在烹煮時都會使用當地的葡萄酒，只要挑選不甜或微甜的口味，**一般超市或大賣場**可以買到。

波蘭高麗菜捲

這道料理的原文是 Gołąbki（唸作「格翁不擠」），涵義為「小白鴿」，因為高麗菜捲在寶紅色的醬汁中看起來白白胖胖的。其實，與台灣常見的高麗菜捲相似，差異在於餡料會包入米飯跟肉，可直接當做正餐食用。

▌食材（1 人份）

洋蔥 …… 1/2 顆
大蒜 …… 3 瓣
白飯 …… 1/2 碗
豬絞肉 …… 100g
高麗菜 …… 2 葉
番茄醬 …… 1 大匙
糖 …… 2 小匙
醬油 …… 1 小匙
檸檬 …… 1/8 顆
巴西利 …… 1 株
大蒜粉 …… 1 小匙
水 …… 1/2 量米杯
（用於蒸熟高麗菜捲）

▌步驟

1 ▋內餡製作：▋ 洋蔥跟大蒜炒到金黃，再加入白飯、豬絞肉拌勻。

2 整葉高麗菜放入滾水燙約 30 秒，放涼後包入內餡，放進半杯水的電鍋蒸熟。

3 ▋醬汁製作：▋ 番茄醬、糖、醬油、檸檬汁、切碎的巴西利、大蒜粉，拌勻煮滾即可。

4 將高麗菜捲裝盤，淋上醬汁。

波蘭煎餃

波蘭水餃（Pierogi），發音類似「皮羅基」。外型與台灣水餃相似，不過內餡與配料則是波蘭當地食材，如歐式酸菜、培根、酸奶、蒔蘿等。因為餃皮偏厚，需要將內餡先炒熟，再放入滾水煮熟，然後用奶油將表面煎香。

▌食材 （1人份：8個煎餃）

中筋麵粉 …… 100g
鹽 …… 1/2小匙
油 …… 1/2小匙
溫水 …… 180ml
培根 …… 50g
洋蔥 …… 1/2顆
歐式酸菜 …… 40g
酸奶油（sour cream） …… 30g
蒔蘿 …… 1株
奶油 …… 15g
蔥 …… 適量

▌步驟

1 **麵團製作：** 中筋麵粉、溫水 180ml、鹽、油，揉到光滑，靜置半小時。

2 **內餡製作：** 炒培根到有香味，起鍋備用。同一鍋炒洋蔥到有香味，放回培根、歐式酸菜，炒熱。

3 麵團分切後擀圓，厚度比台式水餃皮稍厚。

4 採用與台灣一樣的包水餃方式，包內餡時，額外加入酸奶油跟蒔蘿。

5 放進滾水煮到浮起，再滾 3 分鐘，撈起。將煮好的水餃用奶油煎到表面酥脆。

6 另外炒一些裝飾用的培根丁，炒到微焦。裝盤時，水餃撒上蔥花、培根丁，及酸奶油。

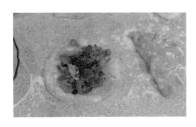

加入一點酸奶油跟蒔蘿。

立陶宛
馬鈴薯肉丸

這道料理可以說是立陶宛的國菜，原文菜名 Cepelinai 是立陶宛文的「齊柏林」，因為外型像是齊柏林飛船，圓圓胖胖的很可愛。外皮的成分是純馬鈴薯，是他們的重要主食，原版食譜的風味較油膩，是寒冷地區菜餚。

食材 （1 人份）

大蒜 …… 3瓣
洋蔥 …… 1/2顆
蘑菇 …… 6顆
豬絞肉 …… 150g
馬鈴薯 …… 2顆
檸檬 …… 1顆
芫荽 …… 適量
培根 …… 1片

醬汁1（台式肉丸醬汁風味）：
太白粉 …… 1小匙
米酒 …… 1/2大匙
味醂 …… 1/2大匙
醋 …… 1/2小匙
糖 …… 1小匙
大蒜 …… 2瓣
蘋果 …… 1/4顆

醬汁2（優格芥末醬）：
優格 …… 2大匙
芥末醬 …… 1小匙

▎步 驟

1 　內餡製作：
炒熟大蒜、洋蔥、蘑菇、豬絞肉。

2 　外皮製作：
一半馬鈴薯剝皮水煮，壓成泥。另一半生的馬
鈴薯用果汁機打成泥，加檸檬汁（防止變色），
利用豆漿袋擠汁擠乾，擠出來的馬鈴薯汁要保
留。採用 1:1 的比例混合生與熟的薯泥。

3 　外皮包餡，將外型做成飛船形狀，跟煮水餃一
樣，放入滾水煮到浮起即可。

4 　醬汁 1 製作（鋪在底部）：
馬鈴薯汁煮滾，放少許太白粉勾芡，再放米酒、
醋、味醂、糖、蒜泥、蘋果泥。

5 　醬汁 2 製作（淋在肉丸上）：
將優格跟芥末醬攪勻。

6 　以上裝盤後，撒芫荽與煎到脆的培根丁。

馬鈴薯丸子切開食用的樣子。

Monet Murmur 中 ────

原版食譜的醬汁只用馬鈴薯汁煮熟、勾芡，搭配酸奶油、培根，據網路上台灣旅遊部落客所說，
口味稍嫌油膩，一人份的餐點需要兩個人努力吃才得以清空，因此這道食譜採用了台灣肉丸醬
汁（糖、醋、酒、蒜），以及解膩的優格芥末醬，完成混搭版的異國料理，吃起來風味平衡，
較好入口。
另外，由馬鈴薯製作的外皮不像麵粉皮有筋性，不耐久煮，因此內餡要炒到全熟，水煮時只需
把外皮煮熟，即可撈起。

甜菜根冷湯

立陶宛

甜菜根冷湯（Šaltibarš iai）是立陶宛夏天的開胃菜。為了保留甜菜根的漂亮深紅色，這裡改為上菜前才淋優格。甜菜根本身具有土味，適合與其他蔬菜（尤其西洋芹）一起煮，食用時加上酸黃瓜丁、香草，酸酸涼涼的很好喝。

▌食材 (1人份)

甜菜根 …… 1顆
洋蔥 …… 1/2顆
紅蘿蔔 …… 1/2顆
西洋芹 …… 4枝
高湯 …… 2杯
酸黃瓜 …… 15g
蛋 …… 1顆
優格（或酸奶油） …… 1/2大匙
芫荽或蒔蘿 …… 適量

▌步驟

1 將甜菜根、洋蔥、紅蘿蔔、西洋芹切塊，接著倒入高湯煮到熟透。

2 鹽巴調味後，用攪拌器打成泥，冷藏20分鐘。

3 裝盤時，放酸黃瓜丁、優格（原版使用酸奶油）、水煮蛋，撒芫荽（原版使用蒔蘿）。

烏克蘭甜菜根湯

這道甜菜根湯（Ukrainian Borscht）有另一個更廣為人知的名稱「羅宋湯」。羅宋為「Russia」音譯，但其實源自基輔公國（西元9~15世紀），是烏克蘭料理。台灣的羅宋湯使用番茄，幾乎是不同的料理了。因為烏克蘭的緯度相當於庫頁島，能夠運用的在地食材是耐寒的甜菜根。

▋食材（2人份）

牛肉 …… 200g
奶油 …… 15g
洋蔥 …… 1/2顆
胡蘿蔔 …… 1/2根
歐式酸菜 …… 50g
高湯 …… 2杯
甜菜根 …… 1顆
番茄糊 …… 1大匙
馬鈴薯 …… 1顆
酸奶油 …… 1大匙
蒔蘿、巴西利 …… 適量

▋步驟

1 將牛肉切丁油炒到表面微焦，起鍋備用。

2 同一鍋放奶油，炒洋蔥、胡蘿蔔到軟，加歐式酸菜，炒5分鐘。

3 加入步驟 **1** 的牛肉、高湯、水、甜菜根、番茄糊、蒔蘿跟巴西利，煮滾後轉小火煮1小時。

4 剩餘15分鐘時，放入馬鈴薯。

5 裝碗放酸奶油，撒蒔蘿即可。

6 這道菜除了可立即享用，隔餐再煮滾會更好吃。

Monet Murmur 中

這道食譜使用的是歐式酸菜，而非新鮮的高麗菜，是因為每年冬末或春天時，新鮮的高麗菜吃完了，就會改用歐式酸菜。食譜中的酸奶油不是提供酸味，而是在歐式酸菜襯托下，呈現濃濃奶香；原本有點嗆鼻的蒔蘿，則能提味又解油膩。食材的搭配很美味，不愧是經典食譜。

基 輔 雞　佐 啤酒

這是源自烏克蘭的料理，後來在英國蔚為風行，超市會販售料理好的成品，買回家微波就能一邊品嘗一邊觀賞電視。炸雞肉裡面有大蒜、九層塔、奶油（這裡改用熱量較低的奶油乳酪），搭配啤酒超級好吃，難怪大受歡迎。

▌食 材　（1 人份）

餡料：
大蒜 …… 1顆
巴西利 …… 10g
九層塔 …… 10g
奶油乳酪（cream cheese）
…… 30g

肉卷：
雞胸肉 …… 200g
麵粉 …… 2大匙
蛋 …… 1顆
麵包粉 …… 2大匙
葡萄籽油或其他適合油炸的油
…… 湯鍋1.5cm深度

配菜：
馬鈴薯 …… 1顆
甜豆 …… 1把
紅蘿蔔 …… 2片
檸檬 …… 1/4顆

｜步驟

1 餡料製作：

大蒜末、巴西利、九層塔、奶油乳酪拌勻（原版使用奶油）。

2 肉卷製作：

雞胸肉切薄攤開、捶打，包入餡料，用保鮮膜包緊，冷藏半小時。

3 移除保鮮膜，拍麵粉，浸蛋液，裹麵包粉。

4 湯鍋放 1.5cm 深度的葡萄籽油，熱鍋到油炸溫度（放麵包屑會起泡泡），每面炸 4~5 分鐘，取出後，放在廚房紙巾跟網架瀝油。

5 裝盤時，搭配馬鈴薯泥、燙青菜（甜豆、紅蘿蔔）、檸檬。

基輔雞使用的食材。

在雞胸肉上包內餡。

將包好的肉捲油炸。

基輔雞切開食用的樣子。

中歐、東歐菜的營養搭配

一般來說，中歐與東歐的料理會出現以下兩種營養問題：

① **過多的歐式酸菜**：因為歐式酸菜屬於醃漬品，適合作為菜餚中畫龍點睛的食材，如果是市售品，更可能有其他人工添加物，不宜攝取太多。如果搭配啤酒太爽口，一口酸菜（高鈉）接續一口啤酒（酒精），會對健康造成負擔！

② **蔬菜量偏少**：原則上每人每餐應該要有一份蔬菜（一份是指蔬菜煮熟後約半碗飯碗的分量），明顯蔬菜量攝取不足。

為了改善上述所遇到的問題，建議採取下列的方法：

① **控制酒精攝取**：男性每日不超過2當量酒精；女性每日不超過1當量的酒精。

② **替代性食材**：部分菜餚可使用花椰菜泥、蘿蔔泥等取代馬鈴薯泥，解膩又爽口。

③ **搭配蔬菜湯**：道地的甜菜根湯，含有大量的甜菜根素，具有強大的抗氧化功效，還能搭配各式蔬菜補足營養上的缺口。

| 備註 |

1當量=10g 酒精，相當於啤酒375c.c.（酒精濃度4%）；葡萄酒 110c.c.（酒精濃度12%）。

算法：酒的 c.c. 數 × 酒精百分比 ×0.78（酒精密度）

專欄主筆介紹

鄭惠文營養師
擁有營養師、衛生局食安講師、中餐烹飪、HACCP 證照，同時也具有保健食品開發經驗。常在社群上透過圖文，分享許多營養及健康飲食的小訣竅。（Instagram: @dietitian.tracy）

增加傳統食譜常見的高麗菜、甜椒

將燙過或炒過的高麗菜鋪在肉品下方；或加入稍微翻炒顏色鮮豔的甜椒，還能美化擺盤的配色。

用花椰菜泥取代馬鈴薯泥

白花椰菜以食物處理器打成泥，拌豆漿、少許鹽調味，撒黑胡椒及巴西利。外觀上近似馬鈴薯泥，適合搭配油膩食物。由於口感有所差異，吃起來就是蔬菜口感，煮給別人吃請務必事先告知。

搭配蔬菜湯

甜菜根湯是當地的普遍料理，食材有先炒過的牛肉、大量的甜菜根、高麗菜、洋蔥，以及紅蘿蔔，充分的蔬菜可以補足營養上的缺口。

搭配新鮮瓜果

利用蔬菜類如黃瓜、番茄；或水果類如柳橙、葡萄柚、草莓、藍莓、奇異果、葡萄，這些鮮少出現於傳統食譜，但在今日飲食是常見的食材，搭配料理也很符合中歐、東歐的在地風情。

Chapter 07

豔陽地中海

氣候溫和，陽光普照的地中海地區有豐富漁產、蔬果、橄欖油、穀物、核果、豆類等食材，特色是新鮮在地、簡單烹調、清淡調味，公認為最健康的飲食方式。煮出美味地中海料理相當容易，因為所需食材台灣幾乎都有，而且新鮮、便宜、品質好，沒有太多長時間燉煮的步驟，可以輕鬆完成。

關於番茄二三事

製作地中海菜或是熬煮義大利麵醬
時，食材中的番茄或番茄泥常會決
定成品的色澤及風味。台灣常見的
「牛番茄」即使熟透全紅，作為入
菜後的增色及味道上，還是偏淡。
因此，較為理想的食材，還是建議
選用義大利品種的番茄，其水分少、
味道濃、顏色深。

在進口食材稍多的超市就可買到罐
裝的整粒義大利番茄、番茄丁、番

㊧ 台灣的牛番茄　㊨ 義大利番茄罐頭

茄泥等品項。因為是料理中的常用食材，很快就會用完，因此，碰到促銷活動
時，建議多多購入。

偶爾高級超市會出現生鮮的義大利品種番茄，適用於製作沙拉。由於生鮮番茄
都是在尚未完全熟透時採摘，經過通路後到達消費者端，熟度並不理想。基本
上，地中海料理都是就近採摘，立即烹調，這時的番茄是完全熟透的狀態，可
惜，我們沒有這樣的條件。熬煮料理或是醬汁時，建議使用罐裝的番茄。

其他番茄選項

番茄醬（Ketchup）：有經過調味，使用的品
種、風味也不完全一樣，緊急替代可以上場，
一般較不會拿來做地中海菜。

番茄糊（tomato paste）：是番茄泥經過熬
煮、濃縮，風味較深沉，與地中海菜的風格
相差太遠，較少用。不過，適合北義、法國、
德國料理。

番茄泥（tomato puree）、整粒罐裝番茄：
這兩種可以用。整罐打開後如果用不完，可
以分裝放冷凍庫，下次繼續使用。

由左至右：番茄醬、番茄糊、番茄泥、
番茄罐頭。

義式水煮魚

義式水煮魚（Acqua Pazza）的原文直譯為「水、瘋狂」。將魚先油煎過，再跟蛤蜊、蔬菜、以及白葡萄酒一起水煮。步驟簡單，烹調時間短，而且是一鍋料理，好吃又健康。

食材 (1人份)

紅條（或其他鮮美的魚）…… 1隻
白葡萄酒 …… 3大匙
蛤蜊 …… 8顆
小番茄乾 …… 8顆
義式香草料 …… 1小匙
水 …… 1/2杯
櫛瓜 …… 1/3根
新鮮小番茄 …… 5顆
初榨橄欖油 …… 1/2大匙
巴西利 …… 適量

步驟

1　小番茄乾泡橄欖油一個小時，或新鮮小番茄淋上橄欖油於烤箱130℃烤15分鐘。

2　在新鮮的魚身上畫兩刀，擦乾，油煎一下。

3　放入白葡萄酒、蛤蜊、泡橄欖油的小番茄乾、香草料，煮到蛤蜊打開。

4　加半杯水，放蔬菜（櫛瓜、新鮮小番茄），煮滾後蓋鍋蓋小火煮5分鐘。

5　裝盤時，淋初榨橄欖油、巴西利。

義大利獵人燉肉

在原版食譜是使用打獵所獲的兔肉，建議挑選帶骨的雞小腿或帶軟骨的三角肉。料理會使用較多的香草，那是因為要蓋過野味的肉品氣味。而狩獵的季節正值秋天，就盡量採用南瓜、菇類等當季食材吧。

食材 （1人份）

雞小腿 …… 3支
雞三角肉 …… 6塊
雞心、雞胗 …… 共約半碗分量
鹽、黑胡椒 …… 適量
大蒜 …… 3瓣
洋蔥 …… 1/2顆
白葡萄酒 …… 3大匙
迷迭香 …… 2枝
奧勒岡 …… 2枝（可用巴西利）
月桂葉 …… 2葉
馬鈴薯 …… 1顆
黑橄欖 …… 6顆
南瓜 …… 30g
小番茄乾（可用新鮮小番茄）
…… 5顆
鴻禧菇 …… 20g

步驟

1 雞肉撒鹽、黑胡椒，靜置15分鐘。平底鍋大火煎雞肉，把表面煎微焦，放雞心、雞胗煎一下，熄火。

2 湯鍋放入蒜片、洋蔥，炒軟。放回步驟 **1** 的雞肉、雞心、雞胗，加白葡萄酒，放迷迭香、奧勒岡、月桂葉，煮滾。

3 加馬鈴薯、黑橄欖、各種秋天食材（南瓜、番茄乾、鴻禧菇），加水蓋過食材，煮滾，蓋鍋蓋轉中小火，直到馬鈴薯煮熟即可。

義大利獵人燉肉使用的食材。

海鮮麵疙瘩
苗栗桂竹筍

義式麵疙瘩（Gnocchi）有時音譯為「玉棋」、「扭奇」，是以麵粉跟馬鈴薯製作，揉成小麵團後，壓出刻痕或凹陷來承接美味的湯汁。這次正好有熟識的網友提供每年春季限定新鮮桂竹筍，煮出一道融合本土與異國、山珍跟海味的當季料理。

▌食材 （2人份）

義式麵疙瘩：
馬鈴薯 …… 2顆
麵粉 …… 90g
酸奶油或鮮奶油 …… 50g
蛋 …… 1顆

湯頭：
鱸魚骨 …… 1份
大蒜 …… 3瓣
薑 …… 3片
米酒 …… 1大匙
水 …… 800ml
蝦頭 …… 3個

其他食材：
桂竹筍 …… 150g
蝦仁 …… 3隻
鱸魚肉 …… 80g
新鮮香菇 …… 2朵
蘆筍 …… 3根
芹菜 …… 適量

▌步驟

1 蒸熟兩顆馬鈴薯，待降溫、散掉水氣，去皮用叉子壓粗泥。

2 麵粉過篩，加酸奶油（或鮮奶油）、蛋，輕輕地拌勻，不要揉到出筋。

3 麵團搓長條，切塊搓圓，用叉子或手指壓出凹洞。

4 鹽水煮滾放麵疙瘩，煮到浮起來，繼續煮3分鐘，撈起瀝乾。（以上是義式麵疙瘩的製作方法）

5 ▎湯頭製作：▎鱸魚骨炒到微焦，加大蒜、薑、米酒一起炒香。加水800ml煮滾，再加入蝦頭煮滾，濾出湯汁。

6 在湯汁放入桂竹筍，煮滾後放入步驟 **4** 的義式麵疙瘩。再次煮滾，放入蝦仁、鱸魚肉、新鮮香菇，起鍋前加蘆筍滾一下。

7 將步驟 **6** 的料理裝碗，撒上芹菜丁即完成。

檸檬大蒜小里肌

食譜的原型是「檸檬大蒜雞（Lemon Garlic Chicken）」，屬於地中海夏末秋初的菜色，這時正好檸檬收成。原版使用帶皮帶脂肪的雞肉，這次換成全瘦的豬小里肌，檸檬只需要原本的1/4分量，吃起來一樣清爽。

▎食材 (2人份)

豬小里肌 …… 400g
檸檬 …… 1/2顆
大蒜 …… 2顆
麵粉 …… 1大匙
白葡萄酒 …… 3/4杯
高湯 …… 3/4杯
百里香 …… 3枝
月桂葉 …… 2葉
羅勒（乾）…… 1/4小匙
迷迭香（乾）…… 1/4小匙
太白粉 …… 1小匙
鹽、黑胡椒 …… 適量

配菜及裝飾：
蘆筍 …… 5根
巴西利 …… 適量

▎步驟

1 豬小里肌拍一層麵粉、羅勒、迷迭香，大火煎到表面微焦，起鍋備用。

2 同一鍋放白酒、高湯、大蒜、百里香、月桂葉，煮滾，放鹽、黑胡椒調味。

3 放回步驟 **1** 的豬肉，放切片檸檬果肉，烤箱設 180℃ 烤 20 分鐘。

4 豬肉拿起，湯汁過濾，再用太白粉勾芡。

5 裝盤撒巴西利，搭配水煮的蘆筍即完成。

認識特級初榨橄欖油

一般人可能以為「Pure Olive Oil」（純橄欖油）或「100% Pure Olive Oil」是純度最高、最好的橄欖油，其實不是，這種橄欖油等級大約在中間。

等級最高的是特級初榨橄欖油（Extra Virgin Olive Oil），這種油品必須在採收橄欖後立即低溫現榨，且未經過濾、脫臭，油品還帶著新鮮橄欖的青草味、澀味、微苦味、甚至會有微微的刺喉感（來自橄欖多酚的刺激），越新鮮風味越明顯。這個等級的橄欖油，其個性及風味大約維持兩年，購入後必須趁新鮮享用。

特級初榨橄欖油用在煎、炒、炸都很適合，只是價格較高，不大划算，一般會用在沙拉、涼拌，或是澆淋在完成的料理上，這時候千萬別使用普通油品，只會讓你的料理變得油膩，而帶著澀味、草味的特級初榨橄欖油，才能確實幫料理加分。

三個橄欖油主要產地的特級初榨橄欖油，㊧ 義大利產　㊥ 西班牙產
㊨ 希臘產。

台式勁辣義大利麵

這是煙花女義大利麵（Spaghetti alla puttanesca）的台式土豪版，原版使用橄欖、酸豆、鯷魚、辣椒，鹹中帶酸及辣味，觸動食客的味蕾。這次融入台灣蚵仔麵線的概念，使用最細的天使義大利麵，並且放上橄欖油漬蚵仔，再加碼白酒大蒜炒蝦仁，澎湃、夠味！

▍食材 (1人份)

天使麵（capellini）…… 1人份（約100g）
鯷魚 …… 1/2大匙
大蒜 …… 5瓣
辣椒醬 …… 1大匙
油漬番茄乾 …… 3大匙（增加風味，可省略）
白葡萄酒 …… 3大匙
新鮮小番茄 …… 6顆
九層塔 …… 3株
酸豆 …… 1/2大匙
檸檬 …… 1/4顆
鹽、黑胡椒 …… 適量

橄欖油漬蚵仔：
蚵仔 …… 1包（約15個）
大蒜 …… 1顆
辣椒 …… 1根
橄欖油 …… 1杯

白酒大蒜炒蝦仁：
蝦仁 …… 10隻
大蒜 …… 3瓣
白葡萄酒 …… 2大匙
橄欖油 …… 1/2大匙

▍步 驟

橄欖油漬蚵仔：

1 用鹽輕輕搓洗蚵仔，洗三次，把雜質及黏液洗掉，將蚵仔放在廚房紙巾上輕壓吸掉水分，撒一點鹽。

2 大蒜撥去皮膜，辣椒切段；平底鍋冷鍋的狀態放大蒜、辣椒、橄欖油，開最小火，煮到大量冒泡泡，熄火，放入步驟 **1** 的蚵仔，用餘熱煮 3 分鐘。

白酒大蒜炒蝦仁：

1 大蒜切片；平底鍋倒入橄欖油，熱鍋後放大蒜，炒香，接著放蝦仁，炒到半熟（約 1 分鐘），倒入白葡萄酒，炒到收汁。

勁辣義大利麵：

1 平底鍋放橄欖油，熱鍋後放鯷魚，將之炒熱，加蒜末、辣椒醬炒香，再加入油漬番茄乾一起炒。

2 將義大利天使麵水煮到彈牙熟度，不用全熟，取出瀝乾，放到步驟 **1** 中拌勻。

3 倒入白葡萄酒，以鹽、黑胡椒調味，拌勻。

4 放新鮮小番茄、切碎的九層塔、白酒大蒜炒蝦仁，拌炒一下；放酸豆，擠檸檬汁。

5 裝盤，上面放橄欖油漬蚵仔。

酪梨生魚片義大利冷麵

義大利冷麵冰涼開胃，是夏天的最愛！冷麵通常使用較細的義大利麵，最常見的是天使細麵（Capellini）。將麵煮到全熟或稍微過熟，再用冰塊水洗到涼透，是最適當的涼麵口感。搭配當季的台灣酪梨、屏東東港的鮪魚與旗魚生魚片，十分美味。

▌食材 (1人份)

小番茄 …… 6顆
天使細麵 …… 1人份（100g）
生魚片 …… 80g（鮪魚或旗魚）
酪梨 …… 80g

醬汁：
橄欖油 …… 2大匙
檸檬 …… 1/4顆
大蒜 …… 3瓣
黑胡椒、鹽、巴西利 …… 適量

▌步驟

1 小番茄表皮劃小十字，滾水燙一下，把皮撕下，對切成四片。

2 **醬汁製作：** 橄欖油、檸檬汁、蒜泥、黑胡椒、鹽、巴西利，放入碗中拌勻。

3 將步驟 2 醬汁、番茄、生魚片拌勻，最後加入切塊的酪梨輕輕地攪拌。

4 天使細麵煮到全熟後，放進冰塊水搓洗一下，再撈出瀝乾。

5 裝盤時，放上冷麵、醬汁、配料，撒巴西利即可。

酪梨生魚片義大利冷麵使用的食材。

卡布里沙拉 水果版

卡布里沙拉（Caprese）是番茄、Mozzarella 起司、羅勒淋上橄欖油跟鹽，顏色正好是義大利國旗的紅、白、綠，容易做又好吃。這裡則是水果版，挑選顏色飽和、甜中帶酸的水果，在味覺與視覺上都更輕盈，適合當夏天的開胃菜。

▋食材 （1 人份）

新鮮 Mozzarella 起司 …… 50g
香吉士 …… 1顆
（可用柳丁或其他柑橘類水果）
奇異果 …… 1顆
初榨橄欖油 …… 1大匙
羅勒 …… 5片
鹽之花 …… 適量
（或其他風味溫和的鹽，如玫瑰鹽）
巴西利 …… 適量
石榴籽…… 適量

▋步驟

1 Mozzarella 起司切片約 0.5cm 厚，香吉士、奇異果分別去皮，切成約 0.5cm 的厚片，交錯排列在盤子上。

2 淋初榨橄欖油，撒鹽之花，放新鮮現摘的甜羅勒、巴西利，裝飾石榴籽。

Monet Murmur 中

地中海菜通常會有豐富的色彩，挑選食材組合跟擺盤時，不妨留意是否有紅（如番茄）、白（Mozzarella 起司、蛋白）、綠（羅勒、櫛瓜）、黃（蛋黃、香吉士）、黑（橄欖）這幾個顏色中至少三樣，並且顏色有足夠的飽和度。
台灣冬季雖然有新鮮美味的柳丁，但這道料理還是採用進口的香吉士，因為香吉士才有飽和的橘黃色，可以勝任擺盤中顯眼的角色。

生火腿水果沙拉

基本上是卡布里沙拉（番茄、羅勒、Mozzarella），加上生火腿配水蜜桃（原型是生火腿配哈密瓜），都是義大利的經典搭配。這個食譜可以當前菜，也可以當做早餐或輕食餐。

▌食材 （1人份）

小番茄 …… 8顆
洋蔥 …… 1/4顆
新鮮 Mozzarella 起司 …… 50g
初榨橄欖油 …… 2大匙
巴薩米克醋 …… 2小匙
鹽之花 …… 適量
（或其他風味溫和的鹽，如玫瑰鹽）
黑胡椒 …… 適量
水蜜桃 …… 1/2顆
生火腿 …… 20g
羅勒 …… 10片（可用九層塔）

▌步驟

1 盤中依序放入： 切片的小番茄、切碎的洋蔥、撕塊的新鮮 Mozzarella 起司。最後淋上初榨橄欖油，一點的巴薩米克醋，撒一點鹽之花及現磨黑胡椒。

2 最後放水蜜桃、生火腿、羅勒。

 食材取得　生火腿：**進口食材豐富的超市**會有，台灣也有產未經風乾、口味較清淡的生火腿，搭配起來都非常美味。

鮮蝦酪梨塔

迷人的輕食或開胃菜，以自製優格醬取代美乃滋，降低熱量攝取；酪梨有豐富又健康的油脂，微酸的莎莎醬清爽開胃，襯托鮮蝦的甘甜，食材的配色就讓人食指大動，再放到烤脆的麵包上一起食用，口感豐富。

▎食材 (1人份)

酪梨 …… 1/4顆
檸檬 …… 1/4顆
鹽 …… 1小匙
蝦仁 …… 4隻
優格 …… 1大匙
蜂蜜 …… 1小匙
芥末 …… 1/2小匙
番茄 …… 1/2顆
洋蔥 …… 1/4顆
大蒜 …… 2瓣
香菜 …… 5g
辣椒粉 …… 1/4小匙
初榨橄欖油 …… 1/2大匙
黑胡椒 …… 適量
法國麵包 …… 2片

▎步驟

1　底層製作：酪梨拌檸檬汁 1/8 顆、鹽 1/2 小匙。

2　中間夾層製作：蝦仁燙熟切塊，拌優格醬（優格、蜂蜜、芥末）。

3　上層製作（莎莎醬）：番茄、洋蔥、大蒜、香菜，拌檸檬汁 1/8 顆、鹽 1/2 小匙、辣椒粉。

4　完成以上三層後，裝進圓筒模具定型，備用。放上幾片酪梨，淋橄欖油，撒黑胡椒、切碎的香菜。

5　法國麵包稍微烤過，與步驟 **4** 一起裝盤。

Monet Murmur 中

優格醬（優格、蜂蜜、芥末）是低熱量的美乃滋替代醬料。市售美乃滋主要成分是沙拉油，雖然可以讓食物口感滑潤，但熱量不低。

此外，圓筒模具可到烘焙材料行尋找，有各種尺寸，如果不常使用的話，也可以用塑膠飲料罐自行切割。鋁合金的飲料罐（如可樂）直徑也很適合，但切口鋒利易割傷手，請務必小心。

舒肥雞胸佐酪梨初榨醬

酪梨初榨醬是以初榨橄欖油為底的醬汁，食譜中有香菜、九層塔的辛辣草味，生洋蔥的甜脆口感，酪梨的滑潤脂味，還有大蒜刺激味覺，用來搭配肉品、義大利麵、或是烤麵包都很讚。這次搭配舒肥雞胸肉及水果沙拉，美味又健康。

食材 （1人份）

舒肥雞胸肉（1人份）…… 180g
酪梨初榨醬（4人份）：
酪梨 …… 1/4顆（台式尺寸的酪梨）
香菜（切碎）…… 2大匙
九層塔（切碎）…… 2大匙
洋蔥 …… 1/4顆
大蒜 …… 2瓣
檸檬 …… 1/4顆
初榨橄欖油 …… 1/4杯
鹽、黑胡椒 …… 適量

沙拉（1人份）：
萵苣 …… 100g
小番茄 …… 8顆
柳橙 …… 1顆
黑橄欖 …… 4顆
初榨橄欖油 …… 1大匙
巴薩米克醋 …… 1小匙
鹽、黑胡椒 …… 適量

步驟

1 **舒肥雞胸肉：** 可以購買現成的，若家中有舒肥機或舒肥棒，可以自己烹煮或是採用普通的水煮。水煮的話，盡量避免煮太久造成肉質偏硬。

2 **酪梨初榨醬：** 酪梨一半切丁，一半壓碎。壓碎的酪梨與切碎的香菜、九層塔、洋蔥、大蒜，以及鹽、黑胡椒、初榨橄欖油、檸檬汁拌勻，再加入切丁的酪梨，稍微攪拌即可。

3 **沙拉：** 食材切成適合入口的大小，拌勻。

4 裝盤放沙拉，放上步驟 **1** 切片的雞胸肉，上面放酪梨初榨醬。

舒肥鴨胸 義式沙拉

義式沙拉時常做出偏酸的口味,再放刨成片狀的 Parmigiano 起司,用起司的奶脂味來平衡。這次以油脂豐富的鴨胸肉取代起司,醬汁則採用酸口味的鯷魚、酸豆、檸檬汁、醋,搭配起來滑順又清爽,再配上烤脆的麵包丁,太滿意了!

▌食材 (1人份)

舒肥鴨胸肉 ⋯⋯ 1片
吐司麵包 ⋯⋯ 1片
初榨橄欖油 ⋯⋯ 1大匙

醬汁:

鯷魚 ⋯⋯ 1片
大蒜 ⋯⋯ 3瓣
檸檬汁 ⋯⋯ 1/4顆
巴薩米克醋 ⋯⋯ 1大匙
迪戎芥末醬 ⋯⋯ 1小匙
奧勒岡 ⋯⋯ 2枝(也可使用巴西利)
酸豆 ⋯⋯ 2小匙
初榨橄欖油 ⋯⋯ 2大匙
鹽、黑胡椒 ⋯⋯ 適量

沙拉:

萵苣 ⋯⋯ 3把
紫洋蔥 ⋯⋯ 1/4顆
小番茄 ⋯⋯ 8顆
黑橄欖 ⋯⋯ 5顆

▌步驟

1 **舒肥鴨胸肉:** 可購買現成的,若家中有舒肥機或舒肥棒,可以自己烹煮或是採用油煎的方式。油煎的話,從冷鍋開始,鴨胸肉皮面向下,以小火煎,鴨胸肉有豐富的油脂,在煎的過程會釋放出油份。煎8分鐘後翻面,肉面跟側面一共煎8分鐘即可。

2 吐司麵包切成約1.5cm的麵包丁,每一面輕輕沾一點橄欖油,放入烤箱130℃烤8分鐘。

3 **醬汁:** 鯷魚及大蒜切碎,加入所有材料拌勻。

4 **沙拉:** 所有食材切成適合入口的大小,加入一半的醬汁拌勻。

5 **擺盤:** 放沙拉、烤好的麵包丁、切片的鴨胸肉,最後在鴨胸肉上淋剩下的醬汁。

舊金山海鮮湯

在加州的義裔人發明的海鮮湯。食材中的茴香、百里香、海鮮是法國南部常見食材,而相對單純的步驟及菜名「Cioppino」則很義大利,光看食譜真的猜不出是歐洲哪裡的菜,結果,是涵蓋各種食材的加州菜。

▌食材 (2人份)

鱸魚 …… 1隻
洋蔥 …… 1顆
西洋芹 …… 4支
紅蘿蔔 …… 1根
高湯 …… 1杯
白葡萄酒 …… 1/2杯
茴香塊莖 …… 1/2顆
(可用蒜苗的白色部分)
番茄泥 …… 1大匙
(可買罐頭,或自行將番茄打泥)
番茄糊 …… 1/2大匙
百里香 …… 2枝
(新鮮,或乾燥1小匙)
月桂葉 …… 2葉
各式海鮮(鱸魚、蝦、淡菜、
透抽、扇貝、鮑魚、蛤蜊)
…… 依食用量配置

▌步驟

1 鱸魚切下魚肉後,將魚頭、魚骨油煎到微焦,拿起。

2 同一鍋炒洋蔥、西洋芹、紅蘿蔔到軟。

3 步驟 1 的魚頭和魚骨、高湯、白葡萄酒、茴香塊莖煮滾;加番茄泥、番茄糊、百里香、月桂葉,煮滾;轉小火蓋上蓋子燜 25 分鐘。

4 放各式海鮮(鱸魚、蝦、淡菜、透抽、扇貝、鮑魚、蛤蜊)煮熟,裝盤撒巴西利。

Monet Murmur 中

食材中的番茄製品會決定湯的色澤跟風味,台灣常見的牛番茄顏色跟風味都太淡,所以加入番茄糊。

淡菜(孔雀貝)在這道料理的視覺呈現十分重要,因為黑色外殼讓整道菜的顏色有對比,看起來美味。但是台灣淡菜外殼斑駁灰黑帶綠,顏色不夠深,因而加入白色扇貝與深色的鮑魚或九孔來搭配。

另外,茴香塊莖搭配海鮮,使原本的辛辣香料味變成甜味,為法國料理的經典組合。不過,在台灣很難購買茴香塊莖,可用蒜苗的白色部分替代。

北非蛋

北非蛋（Shakshuka）是低脂美味、蛋奶素、一鍋到底、簡單又快速的料理，因為通常整鍋直接上桌，不用洗額外的餐盤，也是很受歡迎的露營菜。各種食材只要切碎炒熟都可以加入，更是超級強效的清冰箱料理。

▌食材（2人份）

洋蔥 …… 1顆
番茄 …… 1顆
蔬菜食材（南瓜、黃櫛瓜、
綠櫛瓜、玉米筍、蘑菇、茄子，
可自由組合）…… 依食用量配置
番茄醬 …… 2大匙
匈牙利甜椒粉 …… 1小匙
孜然 …… 1/2小匙
蛋 …… 2顆
蔥 …… 1支

▌步驟

1 平底鍋放油，熱鍋，炒切條的洋蔥到軟，放切丁的番茄一起拌炒（約1分鐘），放切丁的南瓜、黃櫛瓜、綠櫛瓜、玉米筍、蘑菇，蓋鍋蓋燜到半熟（約5分鐘）。

2 鋪一層番茄醬，撒甜椒粉、孜然，鋪一層起司，打蛋，蓋鍋蓋燜煮（時間依蛋的熟度自己調整）。

3 （裝飾用，可省略）在鍋子邊緣放滾水加醋燙過的茄子，也放上亮黃色的櫛瓜做裝飾。

4 最後撒蔥花，不用裝盤，直接以整鍋上菜。

Monet Murmur 中

中東、北非地區的料理常使用孜然、甜椒粉，視口味也會放辣椒粉，可以依喜好口味自行斟酌加入。
另外，也可以在這道料理加入肉類，不過，原版食譜是出自回教信仰地區，基本上不會有豬肉。

西班牙海鮮燉飯

雖然料理步驟看似繁複，但實際上是簡單的一鍋料理。使用平底淺鍋，讓吸汁能力極佳的西班牙米吸飽高湯，再鋪上澎湃海鮮，直接端上桌。西班牙米帶有偏硬的口感，若是不喜歡的話，也可以使用台灣米。

▌食材 （4人份）

西班牙Bomba米 …… 300g	大蒜 …… 3瓣	月桂葉 …… 2片
白葡萄酒 …… 300ml	洋蔥 …… 1顆	百里香 …… 2枝
高湯 …… 500ml	番茄 …… 1顆	奧勒岡 …… 1枝
蝦子 …… 6隻	檸檬 …… 1顆	巴西利 …… 適量
透抽 …… 1隻	番紅花 …… 1小撮	鹽、黑胡椒 …… 適量
淡菜 …… 6個	西班牙煙燻甜椒粉 …… 1/2小匙	

番紅花：是這道料理重要的味道、顏色來源，**進口食材豐富的超市**有售，一般容量為1公克瓶裝，價格大約新台幣400元，雖然頗為昂貴，但每次料理只會用少許量，一瓶可以煮上好幾餐。

西班牙煙燻甜椒粉：與常見口味溫和的匈牙利甜椒粉不同，這種有濃郁的煙燻味，可在**進口食材豐富的超市**購得。

香草：常見的地中海香草皆可，如巴西利、九層塔。

西班牙米：不容易買到，要向**專業食材商網購**。

步驟

1 前置作業：

大蒜切末，洋蔥切丁，將蝦子的頭與身體分開（蝦頭要留著，身體部分不用剝殼），透抽清洗移除器官並且切段，番茄打泥，檸檬切片。

2 平底鍋放橄欖油，熱鍋後，放蒜末炒香；接著放洋蔥丁炒軟，將大蒜及洋蔥取出備用。

3 同一鍋不用洗，放入蝦身，炒到半熟就拿起備用；炒透抽，一樣炒半熟就拿起備用。

4 同一鍋不用洗，再放橄欖油，熱鍋後，將蝦頭炒到焦香；放白葡萄酒，煮滾後放淡菜，煮到半熟，將淡菜拿起備用，將蝦頭丟棄。

5 同一鍋放入高湯、炒過的大蒜及洋蔥、番茄泥、煙燻甜椒粉、番紅花、月桂葉、百里香、奧勒岡，以鹽跟黑胡椒調味。

6 西班牙 Bomba 米不用洗，倒入並平鋪在鍋中，轉小火煮 10 分鐘，移除月桂葉及香草的梗（如果有的話）。

7 放入步驟 **3** 的蝦身、透抽，步驟 **4** 的淡菜，蓋上鍋蓋（如果沒有鍋蓋可用錫箔紙或烤盤紙代替），小火煮 5 分鐘。

8 放檸檬片，撒切碎的巴西利即可。整鍋端上桌，食用時，再分裝至自己的餐盤上。

Monet Murmur 中

關於西班牙米的一些事

西班牙米（如這次使用的 Bomba 品種）與台灣梗米相比，前者較「粉」（相對於梗米的 Q），即使煮熟還是略有米心。但，很能吸水，吸水力是可觀的三倍之多（義大利米約二倍，台米則米水比率一比一）。因此，在煮米時，時常會驚嚇水怎麼不見了，還要趕緊補高湯。

此外，煮西班牙燉飯不用洗米、不用攪炒：

不用洗米：一方面食譜都帶調味（因此不怕有臭脯味），而且西班牙米澱粉質含量高，不洗米是為了避免將澱粉洗掉。

不用攪炒：義式燉飯用攪炒方式釋出澱粉質，讓燉飯呈現濃稠流動感；而西班牙燉飯不攪炒，是為了保持顆粒感。

若使用台灣米的話，白葡萄酒與高湯的分量請減為三分之一，加起來跟米一樣即可。

西班牙煙燻香腸蛋

這道菜顏色鮮豔又口味濃郁，食材中有澱粉類的馬鈴薯，不用再煮飯或麵。因為作法簡單，同樣為十分實用的露營佳餚，當幾個家庭一起露營時，可以迅速上菜，成品的視覺效果佳，口味夠強不怕被埋沒，很受歡迎。

▌食材（2人份）

馬鈴薯 …… 1顆
鹽、黑胡椒 …… 適量
西班牙煙燻辣味香腸 …… 2根
洋蔥 …… 1顆
蜂蜜 …… 1/2大匙
番茄 …… 1顆
蛋 …… 2顆
蔥 …… 2根

▌步驟

1　馬鈴薯切塊，加鹽、黑胡椒調味，炒 3~4 分鐘。

2　加切段的西班牙煙燻辣味香腸、洋蔥，淋蜂蜜一起炒到聞到焦香味，約 12 分鐘。

3　加番茄稍微拌炒，約 1 分鐘。

4　將食材略微鋪平，上面打蛋，加兩匙水，蓋上鍋蓋或錫箔紙，以小火燜到喜愛的熟度，撒蔥花。

西班牙煙燻香腸蛋使用的食材。

食材取得

西班牙煙燻辣味香腸（Chorizo）：在**進口食材豐富的超市**可能會有。如果買不到，可用其他歐式豬肉香腸加西班牙煙燻紅椒粉。如果並不執著要地中海口味，也能用臘肉、鹹豬肉、煙燻火腿、培根。

台灣西瓜西班牙番茄冷湯

西班牙冷湯（Gazpacho）是冷湯代表作，炎炎夏日很受歡迎的開胃料理，最常以番茄為底，再調配不同蔬果食材。在台灣，當然要加入在地水果，這次由夏天盛產的西瓜上場，西瓜口味的鹹湯意外好喝，一起來試試看！

▌食材 （1人份）

番茄 …… 1顆
西瓜 …… 200g
小黃瓜 …… 1/2根
洋蔥 …… 1/2顆
大蒜 …… 3瓣
薄荷 …… 1株
初榨橄欖油 …… 1大匙
果醋 …… 1/2大匙
孜然 …… 1/2小匙
鹽 …… 1/2小匙
黑胡椒 …… 適量
紅洋蔥（裝飾用）…… 適量
吐司麵包 …… 1片
巴西利 …… 適量

▌步驟

1 **麵包丁：** 吐司麵包切成約1.5cm的麵包丁，每一面輕輕沾一點橄欖油，烤箱130℃烤8分鐘。

2 **湯汁：** 以下食材用果汁機打勻，冷藏約40分鐘到涼透。食材如：番茄、西瓜、去皮的小黃瓜、洋蔥、大蒜、薄荷；調味可用：橄欖油、果醋、孜然、鹽、黑胡椒。

3 湯汁裝盤，放切丁的番茄、西瓜、紅洋蔥，淋橄欖油，撒黑胡椒；再放上麵包丁，撒巴西利、薄荷即可。

地中海烤肉沙拉

每年中秋一到，營養師都會大聲呼籲慎選烤肉食材，因為高脂肉品跟烤肉醬的熱量太高了。來試試這道地中海風格的烤肉沙拉吧！避開熱量地雷的五花肉、肥腸、香腸等，採用大蒜優格醬既解油膩，再配上色彩鮮豔的烤蔬菜跟沙拉，美味又健康。

食材 (2人份)

大蒜優格醬：
優格 …… 2大匙
大蒜 …… 5瓣
巴西利（新鮮切碎或乾燥）…… 2小匙
蒔蘿（新鮮佳，乾燥可）
…… 新鮮1/2株，或乾燥1小匙
鹽、黑胡椒 …… 適量
初榨橄欖油 …… 1/2大匙
檸檬 …… 1/4顆

地中海沙拉：
結球萵苣 …… 1/4顆
彩色番茄 …… 5顆
紫洋蔥 …… 1/4顆
小黃瓜 …… 1/2根
黑橄欖 …… 5顆
初榨橄欖油 …… 1大匙
巴薩米克醋 …… 1小匙
菲達起司 …… 20g

黃檸檬 …… 1/2顆

烤肉與烤蔬菜：
牛肉片（或其他肉品，建議
避免高油脂的部位）…… 300g
紫洋蔥 …… 1/4顆
番茄 …… 1顆

步驟

1 **大蒜優格醬：** 優格、大蒜末、巴西利、蒔蘿、鹽、黑胡椒、橄欖油、檸檬汁，拌勻後冷藏。

2 牛肉片不用調味，烤到你喜愛的熟度。

3 **烤蔬製作：** 紫洋蔥、番茄，表面烤出條紋即可。

4 **沙拉製作：** 萵苣、彩色番茄、紫洋蔥、小黃瓜、黑橄欖，用初榨橄欖油、巴薩米克醋、跟1/4顆檸檬汁調味，最後放菲達起司，裝飾黃檸檬。

5 烤好的牛肉片切條，跟烤蔬、沙拉一起裝盤，上面淋大蒜優格醬。

地中海
白酒燉午仔魚

很輕鬆的一鍋料理，使用在地的午仔魚跟蔬果，只需橄欖油、大蒜、白酒等簡單調味，享受食材新鮮原味。裝盤時直接用蔬果漂亮的天然切面來裝飾，呈現繽紛色彩，起鍋前再撒點新鮮香草，簡直跟地中海豔陽一樣熱情迷人。

▌食材 (1 人份)

午仔魚 …… 1隻
馬鈴薯 …… 1顆
洋蔥 …… 1/2顆
紅蘿蔔 …… 1/2顆
橄欖油 …… 1大匙
白酒 …… 1/2杯
水 …… 1/2杯
小番茄 …… 5顆
大蒜 …… 2瓣
檸檬 …… 1顆
無鹽奶油 …… 10g
巴西利 …… 適量
鹽、黑胡椒 …… 適量

▌步驟

1 馬鈴薯削皮切塊，以橄欖油炒熟，加洋蔥、紅蘿蔔炒軟，加白酒、水各半杯煮滾。

2 放午仔魚、小番茄、蒜末，蓋鍋蓋中小火煮 8 分鐘。

3 加鹽、黑胡椒、奶油、檸檬汁、檸檬片、巴西利，蓋鍋蓋燜 1 分鐘。

地中海白酒燉午仔魚
使用的食材。

Monet Murmur 中

> 本章有兩道水煮魚（另一道是義大利水煮魚），兩道都很好吃，這一道有較明顯的西班牙風格。西班牙菜常使用馬鈴薯，而且常見油煎馬鈴薯的步驟（義大利菜裡馬鈴薯的存在感很低）。

Chapter 08

結尾精靈：
甜 點

常聽人說吃甜點的是另一個胃，一頓美味大餐的最後甜點總是令人期待。吃甜點從來不是為了飽足，而是換吃不同類型的食物，去除正餐的油膩感，也重啟已經在休息的味覺，重新湧現歡愉的感受，為這一餐畫上美好的句點。

舒芙蕾鬆餅

端上來就聞到蛋香、糖香、麵粉香，香氣滿溢，口感則輕盈如雲朵，入口即化。是一道材料很簡單的甜點，但原始版本的製作過程頗費周章，這裡稍加改變，降低難度，讓你輕鬆享用。

Monet Murmur 中

原版舒芙蕾食譜是用最小火、最少油、鍋中加一點水，蓋上鍋蓋匯聚水氣，慢慢將蛋白蒸到膨脹二～三倍大。不過膨起之後，一放涼就會消下去，因此要立刻上桌、盡快吃，搞得急急忙忙的。但，在這個版本不用蓋上鍋蓋，也不追求膨大，因此也不用擔心消風，可以慢慢吃，輕鬆享受。

食材 （1 人份）

蛋 …… 1顆
牛奶 …… 10g
低筋麵粉 …… 15g
沙拉油 …… 1/2大匙
糖粉 …… 10g
蜂蜜 …… 1大匙

剛下鍋的麵糊樣貌。

步驟

1 **蛋黃糊製作：** 蛋黃1個、牛奶、低筋麵粉（過篩）、5g 糖粉混勻，比例斟酌調整到濃稠但還能流動。

2 **蛋白霜製作：** 打發1個蛋白，10g 糖粉分三次放入，打到蛋白泡泡能夠挺立，不會攤平。

3 **麵糊：** 先挖一小部分蛋白霜到蛋黃糊慢慢混勻（速度太快，蛋白霜的氣泡會消失），然後倒回蛋白霜這邊，溫柔混勻。

4 平底鍋最薄油、最小火，用擠花袋或冰淇淋勺將麵糊放入鍋中（這樣成品才會夠厚），煎4分鐘，這時應該會聞到香味，也表示食物不會沾黏。

5 小心翻面，煎4分鐘。

6 裝盤時，放舒芙蕾，撒糖粉、放一球打發的鮮奶油，用薄荷葉裝飾，並佐以蜂蜜。

水果鬆餅

天然ㄟ尚好，不需要鬆餅粉，也不使用任何人工膨鬆劑，利用廚房常見的材料，只要把蛋白打發就是天然又好取得的膨鬆劑，蛋奶系甜點搭配帶點酸味的台灣當季盛產水果，讓人讚不絕口！

▌食材 (1 人份)

蛋 …… 2顆
牛奶 …… 30g
低筋麵粉 …… 30g
奶油 …… 10g
糖粉 …… 30g
蜂蜜 …… 1大匙

水果及裝飾：
草莓 …… 100g
鳳梨 …… 10g
哈密瓜 …… 10g
糖粉 …… 5g
薄荷 …… 數葉

▌步驟

1 **蛋黃糊：** 將 2 顆蛋的蛋黃、牛奶、低筋麵粉、糖粉 15g 混勻。

2 **蛋白霜：** 將蛋白 2 個打發，過程分三次放糖粉 15g，打到泡泡能夠挺立，不會攤平。

3 **麵糊：** 先挖一小部分蛋白霜到蛋黃糊慢慢混勻（速度太快，蛋白霜的氣泡會消失），然後再倒回蛋白霜這邊，溫柔混勻。

4 平底鍋小火，放奶油，將麵糊放入鍋中煎 10 分鐘，等飄出香味，表示不會黏鍋了，翻面，再煎 5 分鐘。

5 裝盤後，放上酸味取向的水果，如切塊的草莓、鳳梨，以及哈密瓜（配色用），淋蜂蜜，撒糖粉，放薄荷葉裝飾。

Monet Murmur 中

你有發現這個做法跟前一道「舒芙蕾鬆餅」幾乎一樣嗎？這種天然系的鬆餅食譜很實用，又很容易完成，還能做出其他變化，例如做成約 12cm 的鬆餅，淋蜂蜜配奶油就是標準早餐鬆餅，將兩片鬆餅夾紅豆餡就是銅鑼燒。

草莓大福

是個做法簡單的和菓子，遇到草莓季就能製作，用木棒捶打糯米團的步驟與日本店家一邊吆喝一邊捶打的現場秀完全一樣，不過小量製作很輕鬆，不用打赤膊、額頭綁毛巾、汗流浹背的用力敲打，而且很快就可以完成。

食材 (6顆分量)

糯米粉 …… 100g
水 …… 100g
太白粉 …… 20g
紅豆泥 …… 120g
草莓 …… 6顆

步驟

1 糯米粉過篩，加水 100g 拌勻，放進電鍋蒸一杯水；之後，用擀麵棍或研磨缽所搭配的木棒捶打，過程可以稍微沾一點開水避免沾黏，捶打約 5~10 分鐘，直到變成有光澤的糯米麵團。

2 **熟太白粉製作：** 烤箱預熱 90℃烤太白粉 10 分鐘，取出放涼。

3 草莓洗淨擦乾、去蒂，包一層紅豆泥，再包一層熟糯米麵團，過程中用熟太白粉當手粉避免沾黏。

Monet Murmur 中 ———

這道甜點用太白粉來當手粉，但在日本是使用片栗粉，而片栗粉是熟的，能直接食用，因此，才會有烤熟太白粉的這個步驟。另外，台灣的太白粉成分多半是樹薯，有一說樹薯生食有毒，所以務必要烤熟，煮熟的樹薯毒性會消失。不過，樹薯加工成太白粉時已去除毒性，烤熟太白粉與毒性無關，純粹是為了食用。

鳳梨翻轉蛋糕

鳳梨翻轉蛋糕（Pineapple Upside-Down Cake）是英國傳統點心，具象的圖案、鮮豔的色彩，很適合傳達台灣鳳梨的鮮明形象。現在台灣一年四季都有鳳梨，便宜、品質佳，甜度高、不咬舌，除了生吃好吃，做甜點也是很優秀的食材。

▌食材 （6吋烤模）

蘭姆酒 …… 2大匙
二砂砂糖 …… 250g
無鹽奶油 …… 70g
麵粉 …… 225g
牛奶 …… 1/2杯
蛋 …… 2顆
植物油 …… 2大匙
泡打粉 …… 2小匙
鳳梨（圓形中間有洞）…… 4片
石榴 …… 1/2顆

▌步驟

1　蘭姆糖漿製作：蘭姆酒、二砂砂糖125g、無鹽奶油35g以小火煮到糖融化。

2　6吋烤模放鳳梨、石榴，淋上一層約1/3分量的蘭姆糖漿。

3　麵粉、牛奶、蛋、二砂砂糖125g、植物油、泡打粉攪拌均勻，加上無鹽奶油35g攪拌均勻，加進烤模。

4　烤箱預熱170℃烤40分鐘。

5　出爐後倒扣出來，擺盤時，淋剩下的蘭姆糖漿。

Monet Murmur 中

> 歐、美等溫帶地區的外國人對鳳梨並不陌生，但較少見新鮮鳳梨，大多是接觸罐頭，所以這道刻意將新鮮鳳梨切成罐頭中的形狀，利用台灣米酒的瓶蓋壓出中間的圓圈。使用新鮮台灣鳳梨就是不一樣，做出的甜點完勝罐頭的版本。

酒漬鳳梨可麗餅

這道的食譜參考旅法廚師的正統法式做法，比想像中還容易。此版本的可麗餅口感偏軟，不同於台灣街頭常見的酥脆口感（據說脆口版本是日本跟台灣的特別版）。水果醬汁採用台灣鳳梨，帶酸味的鳳梨口感與鮮奶油搭配得很好，再加入白葡萄酒增加風味，而內餡水果口感有軟有脆，品嘗每一口都能感受變化，樂趣十足。

▌食材 （4人份，每份2片）

可麗餅：
麵粉 ⋯⋯ 250g
糖 ⋯⋯ 120g
牛奶 ⋯⋯ 700g
鹽 ⋯⋯ 5g
蛋 ⋯⋯ 3顆
鳳梨 ⋯⋯ 1/2個

白葡萄酒 ⋯⋯ 2大匙

裝盤配料（可自由搭配）：
各種水果（芒果、哈密瓜、鳳梨、蘋果） ⋯⋯ 適量
巧克力醬 ⋯⋯ 適量
鮮奶油 ⋯⋯ 100g（可能會只使用一半，若分量太少會很難打發）
冰淇淋 ⋯⋯ 4球

步驟

1 可麗餅製作：

麵粉 250g、糖 60g、牛奶 700g、鹽 5g、蛋 3 顆
拌勻後，放平底鍋煎兩面（8 片分量）。

2 鳳梨醬汁製作：

湯鍋放切丁的鳳梨、糖 60g，小火熬到出汁。

3 平底鍋放可麗餅，加鳳梨醬汁、白葡萄酒一起
煮滾。

4 裝盤時，步驟 **3** 的可麗餅放上打發的鮮奶油及
各種水果（芒果、哈密瓜、鳳梨、蘋果），捲
起來，淋步驟 **2** 的鳳梨醬汁、巧克力醬，搭配
鳳梨冰淇淋。

用平底鍋煎麵皮。

使用小湯鍋煮醬汁。

放上不同口感的水果當內餡。

抹茶提拉米蘇

這是提拉米蘇的抹茶版，以抹茶取代原本的義式濃縮咖啡及烈酒，這些成分都是為了跟馬斯卡彭起司的濃郁奶脂味平衡。換成抹茶後，除了不會有讓人睡不著的咖啡因，或孕婦、兒童不宜的酒精，而且是很受歡迎的和風口味。

▌食 材 （分量：照片中的兩杯）

消化餅乾 …… 4塊
馬斯卡彭起司 …… 200g
蛋 …… 1顆
糖 …… 5小匙
香草精 …… 1/2小匙
鮮奶油 …… 80g

抹茶液：
抹茶粉 …… 1小匙
糖 …… 1小匙
開水 …… 2大匙

| 步 驟

1 將消化餅乾捏碎（捏成小塊即可，不用細到粉狀）。

2 抹茶液製作：
　　抹茶粉、糖 1 小匙、開水 2 大匙，拌勻。

3 馬斯卡彭起司、蛋黃 1 個、糖 3 小匙、香草精，打勻。

4 鮮奶油、糖 2 小匙，打發，溫柔地拌入步驟 **3**。

5 杯子分層依序放上步驟 **1**（餅乾）、步驟 **2**（抹茶液）、步驟 **4**（餡料）。冷藏半
　　小時，上面撒抹茶粉，裝飾櫻花瓣即可。

Monet Murmur 中

這個食譜有用生蛋黃，但，雞蛋生食需要適當的條件：
對策1：使用生食級的雞蛋。
對策2：70°C隔水加熱5分鐘，達到消毒效果（超過的話，蛋會被煮熟）。
對策3：使用選洗、分裝、冷藏、新鮮的雞蛋，四個條件缺一不可，這樣風險很低（但不保證喔，
請自負風險）。
另外，櫻花瓣是在櫻花樹下撿的，因為怕被曬乾，一大早就要去撿。因為是觀賞用途而非食
用，僅用於添加視覺效果，品嘗時記得要取出。

抹茶紅豆捲

經典美味的肉桂捲是熱量大魔王，一個熱量上看800大卡，來一個熱量減半又美味不打折的版本，內斂的日式抹茶紅豆口味，淋上適量蜂蜜，好吃又健康。

▍食材 （8cm 肉桂捲 6 個）

紅豆 …… 50g（可一次煮多一點，可當點心或其他用途）
麵粉 …… 235g
室溫水 …… 75ml
抹茶粉 …… 5g
速發乾酵母 …… 5g
牛奶 …… 100g
糖 …… 25g

鹽 …… 3g
奶油 …… 20g
沙拉油 …… 適量
蜂蜜 …… 適量

步驟

1 紅豆餡製作：

在電鍋的內鍋放入紅豆跟水，比例為 1：6，外鍋放 3 杯水，煮到跳起來後燜 15 分鐘，外鍋再放 2 杯水再煮一次，煮到跳起來後燜 15 分鐘。舀出紅豆，以叉子壓泥，加糖拌勻（甜度依喜好）。之後，放入鍋裡以小火邊煮邊攪拌，煮到水分稍微收乾（約 20 分鐘），拌入少許沙拉油，使外觀有濕潤感即可。

二次發酵完，準備進烤箱。

2 湯種製作：

麵粉 15g、室溫水 75ml，麵粉過篩在鍋裡攪拌融化，開小火慢慢加熱，直到變成醬糊，關火放涼備用。

3 麵團製作：

步驟 **2** 的湯種、麵粉 220g、抹茶粉、速發乾酵母、牛奶、糖 25g、鹽揉到成團，加奶油，揉到光滑不黏手。蓋濕布靜置 1 小時，讓它發到兩倍大。

4 麵團擀平，薄薄撒一層糖粉，抹紅豆餡，再薄薄撒一層糖粉，捲成直徑約 6.5cm，切成約 2.5cm 長度，放入 8cm 圓型模具靜置 1 小時，等待二次發酵。肉桂捲膨大到填滿模具（主要是步驟 **1** 的紅豆餡若不會很甜的話，這裡增加糖粉讓二次發酵有動力）。

5 烤箱預熱 160℃，烤 10 分鐘，轉 70℃，烤 3 分鐘（避免烤掉抹茶色，才會用較低溫烤熟）。

6 出爐後，裝飾若干完整的紅豆，淋蜂蜜。

Monet Murmur 中

如何煮出紅豆泥？

可以用瓦斯爐煮，鍋中放相同比例的紅豆跟水，煮沸後大火煮 30 分鐘，改小火煮 50 分鐘，需要較多時間顧爐火。

如果有燜燒鍋的話，就可以更輕鬆製作。燜燒鍋內鍋放入紅豆、水煮滾，轉中小火滾 20 分鐘，接著放入燜燒鍋外鍋，燜隔夜即可。

這個食譜的麵團採用湯種的技巧，可以增加麵團含水量，這樣不用加蛋，而且糖跟奶油減半，成品依舊蓬鬆 Q 軟，達到降低熱量的效果。

巧 克 力 布 朗 尼

很受歡迎的餐後甜點,使用純可可粉製作,風味強勁濃郁。由於可可粉是成本較高的食材,店家幾乎都會想辦法降低成本,自己做使用真材實料,可以達到非常滿意的成果,搭配香草冰淇淋、新鮮草莓淋醬,讓人無法抗拒。

▎食 材 (烤模尺寸 22x14.5cm,可切約 8 份)

布朗尼:
蛋 …… 3顆
砂糖 …… 180g
無糖純可可粉 …… 150g
奶油 …… 60g
沙拉油 …… 120g
咖啡粉 …… 50ml

低筋麵粉 …… 100g
核果 …… 適量

草莓淋醬:
草莓 …… 100g
糖 …… 20g
檸檬汁 …… 5g

▌步 驟

1 打 3 顆蛋放入攪拌盆，加砂糖 180g，隔水加熱攪拌到溶解。打蛋液至淡黃色，加可可粉 75g，拌勻。

2 將奶油、沙拉油放小鍋以小火融化（奶油不耐高溫），一邊攪拌一邊慢慢加到步驟 **1**。

3 將咖啡粉、可可粉 75g、過篩的低筋麵粉，加到步驟 **1**，慢速拌勻（避免過度攪拌出筋）。

4 倒入烤模鋪平，放核果裝飾。

5 烤箱預熱 165℃ 烤 30 分鐘，若中心不晃動，竹籤測試沒沾附麵糊即可出爐。

6 （可省略）草莓淋醬製作：草莓、糖攪拌到出水，加檸檬汁，小火煮到黏稠（約 20 分鐘），用攪拌器打成泥。

7 （請自由發揮）布朗尼切塊裝盤，上面放香草冰淇淋，撒核果，搭配草莓淋醬。

巧克力布朗尼使用的食材。

擺上堅果等，再進烤箱。

熔岩巧克力蛋糕

上桌時輕輕劃開，內餡的巧克力醬傾瀉而出，搭配香草冰淇及水果，吃起來幸福感十足。通常這道甜點會使用巧克力，但這個版本則採用純可可粉，跟上一道一樣，風味更加濃郁、好吃。

▍食材

（分量 2 個，烤皿尺寸 7cm×4.5cm）

無糖純可可粉 …… 25g
無鹽奶油 …… 47.5g
雞蛋 …… 1顆
細砂糖 …… 40g
低筋麵粉 …… 15g

巧克力醬（分量110g）：
無糖純可可粉 …… 15g
細砂糖 …… 45g
牛奶 …… 50g

裝盤：
糖粉 …… 5g
草莓 …… 2顆
藍莓 …… 4顆
薄荷 …… 3枝
香草冰淇淋 …… 1球

▍步驟

1 烤模內塗奶油、撒可可粉防沾黏。

2 可可粉和奶油隔水加熱至充分溶解，需不停攪拌。

3 **蛋糕：** 將蛋液、糖打成乳白色，分 5~6 次加入步驟 2，攪拌均勻。

4 麵粉過篩，加入蛋糊，攪拌均勻，倒入烤皿，輕敲排出空氣。

5 **巧克力醬：** 無糖純可可粉、細砂糖、牛奶以小火煮溶拌勻即可。

6 在烤皿中間擠入巧克力醬（爆漿的來源）。

7 蓋保鮮膜冷藏 1 小時。

8 從冰箱取出，室溫下放置 10 分鐘。然後烤箱預熱 200℃，烤 12 分鐘。

9 取出放烤架 1~2 分鐘，倒扣取出。

10 裝飾時，撒糖粉，搭配草莓、藍莓、薄荷、香草冰淇淋。

爲厲害的大廚喝采

常聽到有人說：「哇！莫內你可以開餐廳了。」或是「你會煮這麼多種料理，都不用去餐館了。」其實，我每個月都會造訪厲害的大廚或是餐廳，不僅拓展自己的味覺，也能品嘗比我煮的還要好吃，由專業大廚所烹飪的佳餚。

因為家族中曾有專業廚師，我知道專業大廚的內功、外功、紀律、修為是全面性的。為了讓大家知道專業跟業餘的差距，以下用最簡單易懂的器材為例子：

日式料理看似單純的生魚片，是否在超市買一片魚肉，回家切一切就一樣好吃？可是，進到專業大廚的餐廳品嘗，吃起來不一樣就是不一樣：肉汁飽滿、甘甜鮮美，稍微沾一點濃口醬油及山葵末提味，就是人間美味。箇中原因之一是專業大廚使用的魚刀──柳刃，是家裡的刀具無法比的。柳刃通常是碳鋼材質（家中的刀具基本上是不銹鋼），為了避免生鏽要每天使用、經常磨刀，而且這種材質可以磨得很鋒利，這樣能切出組織完整的生魚片。不過因為刀身很薄，只限細緻刀工。另外，越長的刀子越好一刀拉完，拉出整齊平均的切面，可是迴轉半徑大，業餘廚師隨便一揮就會弄傷自己。刀子所具備的特點：每天用、常常磨、用途少、易受傷，非專業的廚師根本無法駕馭。

每次品嘗厲害大廚準備的餐點，心裡都十分感動與感激。料理是超級魔法，必須作為一輩子的志業、一生懸命，才能夠運用。而我，當個啦啦隊還比較稱職，我因為實際下廚而得到些許知識，希望透過這本書，讓你藉由下廚，更能去欣賞厲害大廚的用心與美技。

莫內廚房
@monet_kitchen

線上讀者問卷 TAKE OUR ONLINE READER SURVEY

料理是超級魔法，
必須作為一輩子的志業、
一生懸命，才能夠運用。

———————《竹科宅男的週末食堂》

請拿出手機掃描以下QRcode或輸入
以下網址，即可連結讀者問卷。
關於這本書的任何閱讀心得或建議，
歡迎與我們分享 :)

https://bit.ly/3ioQ55B

竹科宅男的週末食堂

精選100道吃得健康、回歸食材原味的異國料理，及餐酒推薦

作　　者 | 莫內廚房 monet_kitchen

責任編輯 | 鄭世佳 Josephine Cheng
責任行銷 | 袁筱婷 Sirius Yuan
封面裝幀 | 謝捲子 Makoto Hsieh
版面構成 | 黃靖芳 Jing Huang
校　　對 | 楊玲宜 Erin Yang

發 行 人 | 林隆奮 Frank Lin
社　　長 | 蘇國林 Green Su

總 編 輯 | 葉怡慧 Carol Yeh
行銷主任 | 朱韻淑 Vina Ju
業務處長 | 吳宗庭 Tim Wu
業務主任 | 蘇倍生 Benson Su
業務專員 | 鍾依娟 Irina Chung
業務秘書 | 陳曉琪 Angel Chen
　　　　　 莊皓雯 Gia Chuang

發行公司 | 悅知文化　精誠資訊股份有限公司
地　　址 | 105台北市松山區復興北路99號12樓
專　　線 | (02) 2719-8811
傳　　真 | (02) 2719-7980
網　　址 | http://www.delightpress.com.tw
客服信箱 | cs@delightpress.com.tw
ISBN：978-626-7406-36-6
初版一刷 | 2024年02月
建議售價 | 新台幣380元

本書若有缺頁、破損或裝訂錯誤，請寄回更換
Printed in Taiwan

國家圖書館出版品預行編目資料

竹科宅男的週末食堂：精選100道吃得健康、回歸食材原味的異國料理，及餐酒推薦／莫內廚房著. -- 初版. -- 臺北市：悅知文化，精誠資訊股份有限公司, 2024.02
208面；17X23公分
ISBN 978-626-7406-36-6(平裝)
1.CST: 食譜

427.1　　　　　　　　　　　113000904

建議分類 | 生活風格、食譜